园林工程从新手到高手系列

园林基础工程

陈艳丽　主编

机械工业出版社

本书共分为四章，内容包括：园林基础工程概述、园林土方工程、园林给水排水工程、园林供电工程。

本书将内容分为新手必懂知识和高手必懂知识，以帮助读者掌握专业内容关键点，快速提高从业技能。

本书内容简明扼要，通俗易懂，可作为园林工程现场施工人员的技术指导用书，也可作为园林工程相关专业的培训用书。

图书在版编目（CIP）数据

园林基础工程/陈艳丽主编. —北京：机械工业出版社，2015.7（2019.11 重印）
（园林工程从新手到高手系列）
ISBN 978-7-111-50536-5

Ⅰ.①园… Ⅱ.①陈… Ⅲ.①园林—工程施工 Ⅳ.①TU986.3

中国版本图书馆 CIP 数据核字（2015）第 130776 号

机械工业出版社（北京市百万庄大街 22 号 邮政编码 100037）
策划编辑：张 晶 责任编辑：张 晶 吴苏琴
版式设计：霍永明 责任校对：张 力
封面设计：马精明 责任印制：李 洋
北京瑞德印刷有限公司印刷（三河市胜利装订厂装订）
2019 年 11 月第 1 版第 5 次印刷
169mm×239mm · 12.5 印张 · 236 千字
标准书号：ISBN 978-7-111-50536-5
定价：35.00 元

凡购本书，如有缺页、倒页、脱页，由本社发行部调换

电话服务	网络服务
服务咨询热线：010-88361066	机工官网：www.cmpbook.com
读者购书热线：010-68326294	机工官博：weibo.com/cmp1952
010-88379203	金书网：www.golden-book.com
封面无防伪标均为盗版	教育服务网：www.cmpedu.com

前言 preface

随着我国经济的快速发展，城市建设规模不断扩大，作为城市建设重要组成部分的园林工程也随之快速发展。随着人们的生活水平提高，生态环境越来越受到重视，园林工程对改善生态环境方面有重大影响。

园林工程主要是研究园林建设的工程技术，包括地形改造的土方工程，掇山、置石工程，园林理水工程和园林驳岸工程，喷泉工程，园林的给水排水工程，园路工程，种植工程等。园林工程的特点是以工程技术为手段，塑造园林艺术的形象。在园林工程中运用新材料、新设备、新技术是当前的重大课题。园林工程的中心内容是如何在综合发挥园林的生态效益、社会效益和经济效益功能的前提下，处理园林中的工程设施与风景园林景观之间的矛盾。

园林工程施工人员是完成园林施工任务的最基层的技术和组织管理人员，是施工现场生产一线的组织者和管理者。随着人们对园林工程越来越重视，园林施工工艺越来越复杂，导致对施工人员的要求不断提高。因此需要大量园林施工技术的人才，来满足日益扩大的园林工程建设需要。

编写组针对读者需要编写了“园林工程从新手到高手系列”丛书。丛书共6个分册，包括：《园林基础工程》《园路、园桥、广场工程施工》《假山、水景、景观小品工程》《园林种植设计与施工》《园林植物养护》《常用园林植物宝典》。

本丛书不仅涵盖了先进、成熟、实用的园林施工技术，还包括了现代新材料、新技术、新工艺等方面的知识，力求做到技术先进、实用，文字通俗易懂，能满足技术人员快速提高专业水平的需求。

由于编者水平有限，书中难免有错误和不妥之处，希望广大读者批评指正。

编　者

目录
contents

第三章　园林给水排水工程

第四章　园林供电工程

第一章

园林基础工程概述

第一节 园林地形概述

【新手必懂知识】地形的概念

地形是指地球表面在三维方向上的形状变化。地形是各种地形要素的集合，是园林造景的基本载体，又是园林各项功能得以实现的主要场所。地形的改造利用和工程设计与许多因素相关，如造景作用、地形要素、现状地形地物等。

【新手必懂知识】地形的作用

1. 地形的骨架作用

地形是构成城市景观的基本骨架。建筑、植物、落水等景观都以地形为依托，使视线在水平和垂直方向上有所变化。由于园林景观的形成在不同程度上与地面相接触，因而地形是环境景观不可缺少的基础成分和依赖成分。地形是连接景观中所有因素和空间的主线，它的结构作用可以一直延续到地平线的尽头或水体的边缘。因此地形对景观的决定作用和骨架作用是不言而喻的。

2. 地形的空间作用

园林空间的形成往往是受地形因素直接制约的。不同的地形具有构成不同形状、不同特点园林空间的作用。因此，地形对园林空间的形状起决定作用。地形能影响人们对户外空间范围和气氛的感受。要形成好的园林景观，就必须处理好由地形要素组成的园林空间的几种界面，即水平界面、垂直界面和依坡就势的斜界面。

3. 地形的造景作用

虽然地形始终在造景中起着类似骨架的作用，但地形本身的造景作用也可以在适当的条件下发挥出来。若将地形做成诸如圆台、半圆环体等规则的几何形体或相对自然的曲面体，可以形成别具一格的形象。

4. 地形的背景作用

园林中的景物具有前景、中景和背景的特征。一般着力表现的主景皆需良好的背景来衬托。凹凸地形的坡面均可作为景物的背景，但应该处理好地形、景物和视距之间的关系，通过视距的控制来保证景物和作为背景的地形之间有较好的构图关系。

5. 地形的观景作用

园林地形还可为人们提供观景的位置和条件，它在游览观景中的重要性是非常明显的，如坡地、山顶能让人登高望远，观赏辽阔无边的原野景致；草地、广场、湖池等平坦地形可以使园林内部的立面景观集中地显露出来，让人们直接观赏到园林整体的艺术形象；在湖边的凸形岸段，能够观赏到湖周的大部分景观，观景条件良好；而狭长的谷地地形，则能引导视线集中投向谷地的端头，使端头处的景物显得最突出、最醒目。

6. 地形的工程作用

地形在园林的给水排水工程、绿化工程、环境生态工程和建筑工程中都起着重要的作用。地形过于平坦，不利于排水，容易积涝；但是地形坡度太陡，径流量就比较大，径流速度也太快，易引起地面冲刷和水土流失。因此，创造一定的地形起伏，合理安排地形的分水和汇水线，使地形具有较好的自然排水条件，是充分发挥地形排水工程作用的有效措施。

地形条件对山地造林、湿地植树、坡面种草和一般植物的生长等园林绿化方面有明显影响作用。同时，地形因素对园林管线工程的布置、施工和对建筑、道路的基础施工都存在着有利和不利的影响作用。地形还可以改善局部地区的小气候条件，如光照、风向及降雨量等。

【新手必懂知识】地形的类型

1. 平地

由于排水的需要，园林中完全水平的平地是没有意义的。因此，园林中的平地是具有一定坡度的、相对平整的地面。为避免水土流失和提高景观效果，单一坡度的地面不宜延续过长，应有小的起伏或施工成多个坡面。平地坡度的大小，可根据植被和铺装情况以及排水要求而定。

（1）种植平地。如游人散步草坪的坡度可大些，介于1%～3%较理想，以求快速排水，便于安排各项活动和设施。

（2）铺装平地。广场铺地的坡度可小些，宜在0.3%～1.0%，但排水坡面应尽可能多向，以加快地表排水速度，如广场、建筑物周围、平台等。

2. 坡地

坡地一般与山地、丘陵或水体并存。其坡向和坡度大小视土壤、植被、铺装、工程设施、使用性质以及其他地形地物因素而定。坡地的高程变化和明显的方向性（朝向）使其在造园用地中具有广泛的用途和施工灵活性。当坡地、坡角超过土壤的自然安息角时，为保持土体稳定，应当采取护坡措施，如砌挡土墙、种植地被植物和堆叠自然山石等。

（1）缓坡地。在地形中属陡坡与平地或水体间的过渡类型。道路、建筑布置均不受地形约束，可作为活动场地和种植用地，如作为篮球场（坡度 i 取 3%～5%）、疏林草地（i 取 3%～6%）等。

（2）中坡地。在建筑区需设台阶，建筑群布置受限制，通车道路不宜垂直于等高线布置。坡角过长时，可与台阶及平台交替转换，以增加舒适性和平立面变化。

（3）陡坡地。道路与等高线应斜交，建筑群布置受较大限制。陡坡多位于山地处，作活动场地比较困难，一般作为种植用地。25%～30% 的坡度可种植草皮，25%～50% 的坡度可种植树木。

（4）急坡地。急坡地是土壤自然安息角的极值范围。急坡地多位于土石结合的山地，一般用作种植林坡。道路一般需曲折盘旋而上，梯道需与等高线成斜角布置，建筑需做特殊处理。

（5）悬崖和陡坎。坡度大于 100%，坡角在 45°以上，已超出土壤的自然安息角。一般位于土石山或石山，种植需采取特殊措施（如挖鱼鳞坑修树池等）保持水土、涵养水分。道路及梯道布置均困难，工程措施投资大。

3. 山地

园林山地多为土山，直接影响到空间的组织、景物的安排、天际线的变化和土方工程量等，园林中的土山地按其在组景中的功能不同可分为主景山、背景山、障景山和配景山。

（1）主景山。体量大，位置突出，山形变化丰富，构成园林主题，便于主景升高，多用于主景式园林，高 10m 以上。

（2）背景山。用于衬托前景，使前景更加明显，用于纪念性园林，高 8～10m。

（3）障景山。阻挡视线，用于分隔和围合空间形成不同景区，增加空间层次，呈蜿蜒起伏丘陵状，高 1.5m 以上。

（4）配景山。用于点缀园景，登高远眺，增加山林之趣，一般园林中普遍运用，多为主山高度的 1/3～2/3。

4. 其他地形

（1）丘陵。丘陵的坡度一般在 10%～25%，在土壤的自然安息角以内不需工程措施，高度也多在 1～3m 变化，在人的视平线高度上下浮动。丘陵在地形施工中可视作土山的余脉、主山的配景、平地的外缘。

（2）水体。理水是地形设计的主要内容，水体设计应选择低或靠近水源的地方，因地制宜，因势利导。山水结合，相映成趣。在自然山水园林中，应呈山

环水抱之势，动静交呈，相得益彰。配合运用园桥、汀步、堤、岛等工程措施，使水体有聚散、开合、曲直、断续等变化。水体的进水口、排水口、溢水口及闸门的标高应满足功能的需要并与市政工程相协调。汀步、无护栏的园桥附近2.00m范围内的水深不大于0.50m；护岸顶与常水位的高差要兼顾景观、安全、游人近水心理和防止岸体冲刷等要求合理确定。

第二节 园林给水排水工程概述

【新手必懂知识】给水排水工程的概念

园林给水排水工程是园林工程建设的重要组成部分，一般在园路广场施工之前或与之同步进行。在各类园林中，尤其是现代公园，由于造景及生活、生产活动的需要，用水量是十分可观的。

为了满足各类园林绿地，特别是现代综合性公园，因生活、造景、绿地和喷灌等活动在水质、水量和水压三方面的基本要求，需设置一系列的构筑物，从水源取水，并按用户对水质的不同要求分别进行处理，然后再将水送至各用水点使用，这一系列的工程称为园林给水工程。

水在使用过程中通常会受到污染，形成成分复杂的污水。这些污水若不经过处理就排放，会使园林土壤或水体受到污染，从而危害人体健康、破坏生态环境。同时污水中也含有一些有用的物质，经处理后可回收再利用，这些收集、输送、处理污水或雨水的工程称为园林排水工程。

【新手必懂知识】园林用水类型

水是园林生态系统中不可缺少的要素。解决好园林的用水问题是一项十分重要的工作。园林用水的类型大致可分为以下几类：

生活用水：餐厅、内部食堂、茶室、小卖部、消毒饮水器及卫生设备等的用水。

养护用水：包括植物灌溉、动物笼舍的冲洗及夏季广场道路喷洒用水等。

造景用水：包括溪流、湖池、喷泉、瀑布、跌水等的用水。

游乐用水：“激流探险”“碰碰船”、滑水池、戏水池、休闲娱乐的游泳池等游乐项目平常都要用大量的水，而且水质要求比较高。

消防用水：园林中为防火灾而准备的水源，如消火栓、消防水池等。

公园中除生活用水外，其他方面用水的水质要求可根据情况适当降低。园林给水工程的任务是如何经济合理、安全可靠地满足用水要求。

【新手必懂知识】园林给水特点

园林绿地给水与城市居住区、机关单位、工厂企业等的给水有许多不同，在用水情况、给水设施布置等方面都有自己的特点。其主要的给水特点：用水点较分散；用水点分布在起伏的地形上，高程变化大；水质可根据用途的不同分别处理；用水高峰时间可以错开；饮用水的水质要求较高，一般以水质好的山泉最佳。

【新手必懂知识】水源与水质

1. 水源

水的来源可以分为地表水和地下水两类，这两类水源都可以为园林所用。地表水包括江、河、湖塘和浅井中的水，这些水由于长期暴露于地面上，容易受到污染。有的甚至受到各种污染源的污染，水质较差，必须经过净化和严格消毒，才可作为生活用水。地下水包括泉水，以及从深井中或管井中取用的水。由于其水源不易受污染，水质较好，一般情况下除做必要的消毒外，不必再净化。

选择水源时，为便于防护，水源应根据城市建设远期的发展和风景区、园林周边环境的卫生条件，选用水质好、水量充沛的水源。水源的选择原则如下：

（1）园林中的生活用水要优先选用城市给水系统提供的水源，其次是地下水。

（2）造景用水、植物栽培用水等应优先选用河流、湖泊中符合地面水环境质量标准的水源。

（3）风景区内如果必须筑坝蓄水作为水源，应尽可能结合水力发电、防洪、林地灌溉及园艺生产等多方面用水的需要，做到通盘考虑，统筹安排，综合利用。

（4）在水资源比较缺乏的地区，可以通过收集园林中使用过后的生活用水，经过初步的净化处理，作为苗圃、林地等灌溉用的二次水源。

（5）各项园林用水水源都要符合相应的水质标准。

（6）在地方性甲状腺肿高发地区及高氟地区，应选用含碘量、含氟量适宜的水源。

2. 水质

园林用水的水质要求，可因其用途不同分别处理。养护用水只要无害于动植物，不污染环境即可。但生活用水，特别是饮用水，则必须经过严格净化消毒，水质须符合国家的卫生标准。生活用水的净化基本方法包括混凝沉淀、过滤和消毒三个步骤，具体内容见表 1-1。

表 1-1　生活用水的净化方法

步　骤	内　容
混凝沉淀	混凝剂应结合原水水质及用水对象的特点来考虑，其种类和投加量，如较混浊水质，用硫酸铝作为混凝剂，每吨水中加入粗制硫酸铝 20 ~ 50g，经搅拌后，悬浮物即可絮凝沉淀至水底，色度可降低，细菌也可减少，但杀菌效果不理想，还须另行消毒
过滤	将经过混凝沉淀并澄清的水送入过滤池，通过多层过滤砂，除去杂质，从而进一步使水质达标
消毒	水过滤后，再通过杀菌消毒处理，可使水净化到符合使用要求。通常采用加氯法，这是目前最基本的方法

【新手必懂知识】喷灌的类型

园林喷灌系统根据不同的分类方式可以分为不同的类型。具体分类情况见表 1-2。

表 1-2　喷灌的类型

类　型		特　点
按管道敷设方式分类	移动式	要求灌溉区有天然水源，其动力（发电机）、水泵、干管、支管是可移动的。其地下设备不必埋入地下，投资较省，机动性较强，浇水方便灵活，能节约用水，但喷水作业时劳动强度较大
	固定式	这种系统有固定的泵站，干管和支管都埋入地下，喷头可固定在竖管上，也可临时安装。固定式喷灌系统的安装，要用大量的管材和喷头，需要较多的投资。但喷水操作方便，用人工很少，既节约劳动力，又节约用水，浇水实现了自动化，甚至还可以用遥控操作，因此，是一种高效低耗的喷灌系统。这种喷灌系统最适用于需要经常性灌溉供水的草坪、花坛和花圃等
	半固定式	其泵站和干管固定，但支管与喷头可以移动，也就是一部分固定、一部分移动。其使用上的优缺点介于上述两种喷灌系统之间，主要适用于较大的花圃和苗圃

（续）

类型		特点
按控制方式分类	程控型喷灌系统	闸阀的启闭是依靠预设程序控制的喷灌系统，省时、省力、高效、节水，但成本较高
	手控型喷灌系统	人工启闭闸阀的喷灌系统
按供水方式分类	自压型喷灌系统	水源的压力能够满足喷灌系统的要求，无需进行加压的喷灌系统，常用于以市政或局域管网为喷灌水源的场合，多用于小规模园林绿地
	加压型喷灌系统	当喷灌系统是以江、河、湖、溪、井等作为水源，或水压不能满足喷灌系统设计要求时，需要在喷灌系统中设置加压设备，以保证喷头有足够的工作压力

【新手必懂知识】喷灌的特点

喷灌近似于天然降水，对植物全株进行灌溉，可以洗去枝叶上的灰尘，加强叶面的透气性和光合作用。水的利用率高，比地面灌水节水50%以上。使用喷灌还保持水土，以它不形成径流的设计原则就可以达到这一重要目标。喷灌的适应性强，对土壤性能及地形地貌条件没有苛刻的要求，能增加空气湿度。喷头良好的雾化效果和优美的水形在绿地中可形成一道靓丽的景观。此外，喷灌便于自动化管理，劳动效率高，省工、省时。但其受气候影响明显，前期投资大，对设计和管理工作要求严格。

【新手必懂知识】园林排水的特点

园林工程排水的主要任务是把废水、雨水和污水收集起来并运输到适当的地点，经过处理后再重复利用或排除。如果园林中没有排水工程，雨水和污水淤积园内，会使植物受涝灾，并滋生大量蚊虫传播疾病，既影响环境卫生，又会影响公园内所有游乐活动，因此，每项园林工程中都有大量设置良好的排水工程设施。根据园林环境、地形和内部功能等方面与一般城市排水情况的不同，可以看出排水工程以下几个特点。

1. 地形变化大，适宜利用地形排水

园林绿地中既有平地，又有坡地，甚至还会有山地。地面起伏度大，有利于组织地面排水。利用低地汇集雨雪水到一处，使地面水集中排除比较方便，也比较容易进行净化处理。地面水的排除可以不进地下管网，而利用倾斜的地面和少

数排水明渠直接排放到园林水体中。这样可以在很大程度上简化园林地下管网系统。

2. 排水管网布置较为集中

排水管网主要集中布置在人流活动频繁、建筑物密集、功能综合性强的区域中，如餐厅、茶室、游乐场、游泳池、喷泉区等地方。而在林地区、苗圃区、草地区、假山区等功能单一而面积又广大的区域，则多采用明渠排水，不设地下排水管网。

3. 管网系统中雨水管多，污水管少

园林排水管网中的雨水管数量明显多于污水管。这主要是因为园林产生污水比较少的缘故。

4. 排水成分中，污水少，雨雪水和废水多

园林内所产生的污水，主要是餐厅、宿舍、厕所等的生活污水，基本上没有其他污水源。污水的排放量只占园林总排水量的很小一部分。占排水量较大部分的是污染程度很轻的雨雪水和各处水体排放的生产废水和游乐废水。这些地面水常常不需进行处理就可直接排放；或者仅做简单处理后再排除或再重新利用。

5. 重复使用可能性大

由于园林内大部分排水的污染程度不严重，因而基本上都可以在经过简单的沉淀澄清、除去杂质后，用于植物灌溉、湖池水源补给等方面，水的重复使用效率比较高。一些喷泉池、瀑布池等，还可以安装水泵，直接从池中汲水，并在池中使用，实现池水的循环利用。

【新手必懂知识】排水工程的类型

1. 天然降水

园林排水管网要收集、输送、排除雨水及融化的冰、雪水。这些天然的降水在落到地面前后，会受到空气污染物和地面泥砂等污染，但污染程度不高，一般可以直接向园林水体如湖、池、河流中排放。

排除雨水或雪水应尽可能利用地面坡度，通过谷、涧、山道，就近排入园中或园外的水体，或附近的城市雨水管渠。这项工程一般在竖向设计时应该综合考虑。

除了利用地面坡度外，主要靠明渠排水，埋设管道只是局部的、辅助性的。这样既经济实用，又便于维修。明渠可以结合地形、道路，做成一种浅沟式的排水渠，沟中可任其植物生长，既不影响园林景观，又不妨碍雨天排水。在人流较集中的活动场所，明渠应局部加盖以确保安全。

2. 生产废水

盆栽植物浇水时多浇的水，鱼池、喷泉池、睡莲池等较小的水景池排放的水，都属于园林生产废水。这类废水一般也可直接向河流等流动水体排放。面积较大的水景池，其水体已具有一定的自净能力，因此，可常时间不换水，当然也就不排出废水。

3. 生活污水

园林中的生活污水主要来自餐厅、茶室、小卖部、厕所、宿舍等处。这些污水中所含有机污染物较多，一般不能直接向园林水体中排放，而要经过除油池、沉淀池、化粪池等进行处理后才能排放。在排放污水的水体中，最好种植根系发达的漂浮植物及其他水生植物。

粪便污水处理应用化粪池，经沉淀、发酵、沉渣、流体、再发酵澄清后，排入城市污水管，少量的直接排入偏僻的园内水体中，这些水体也应种植水生植物及养鱼，化粪池中的沉渣定期处理，作为肥料。如经物理方法处理的污水无法排入城市污水系统，可将处理后的水以生化池分解处理后，直接排入附近自然水体。

4. 游乐废水

游乐设施中的水体一般面积都不大，因此，积水太久会使水质变坏，所以每隔一定时间就要换水。游乐废水中所含污染物不算多，可以酌情向园林湖池中排放。

第三节 供电的基本概述

【新手必懂知识】电源

电源包括交流电源和直流电源两种，园林中所用的主要是交流电。即使在某些场合需要用直流电源，通常也是通过整流设备将交流电变成直流电来使用。

大小和方向随时间做周期性变化的电压和电流分别称为交流电压和交流电流，统称为交流电。以交流电的形式产生电能或供给电能的设备，称为交流电源，如发电厂的发电机、公园内的配电变压器、配电盘的电源刀闸、室内的电源插座等，都可以看作是用户的交流电源。我国规定电力标准频率为50Hz。频率、幅值相同而相位互差120°的三个正弦电动势按照一定的方式连接而成的电源，并接上负载形成的三相电路，就称为三相交流电路。生产上应用最为广泛的是三相

交流电路。

三相发电机的原理图如图 1-1 所示，它主要由电枢和磁极构成。

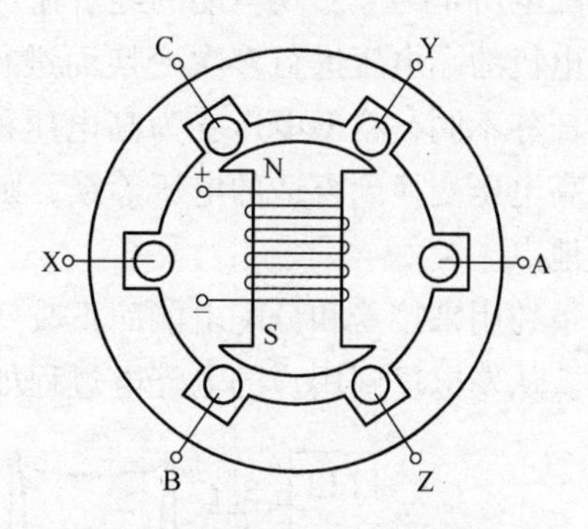

图 1-1　三相发电机的原理图

电枢是固定的，也称为定子。定子铁心的内圆周表面有槽，称为定子槽，用以放置三相电枢绕组 AX、BY 和 CZ，每相绕组是同样的。将三相电枢绕组的始端 A、B、C 分别引出三根导线，称为相线（火线），而把三相电枢绕组的末端 X、Y、Z 连在一起，称为中性点，用 N 表示。由中性点引出一根导线称为中线（地线），这种由发电机引出四条输电线的供电方式，称为三相四线制供电方式，如图 1-2 所示。其特点是可以得到两种不同的电压，一种是相电压 U_φ，另一种是线电压 U_1。在数值上，U_1 是 U_φ 的$\sqrt{3}$倍，即

$$U_1 = \sqrt{3}\,U_\varphi$$

磁极是转动的，也称为转子。转子铁心上绕有励磁绕组，用直流励磁。当转子以匀速按顺时针方向转动时，每相绕组依次被磁力线切割，产生频率相同、幅值相等而相位互差 120°的三个正弦电动势，按照一定的方式连接而成三相交流电源。

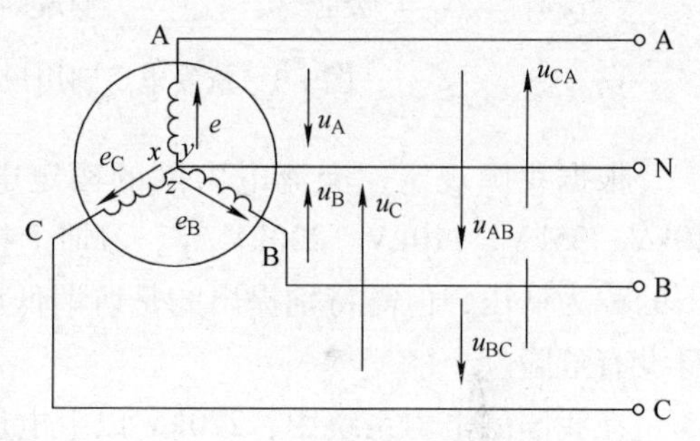

图 1-2　三相四线制供电

在三相低压供电系统中，最常采用的便是“380/220V 三相四线制供电”，即由这种供电制可以得到三相 380V 的相电压，也可以得到单相 220V 的相电压，这两种电压供给不同负载的需要，380V 的相电压多用于三相动力负载，220V 的相电压多用于单相照明负载及单相用电器。

【新手必懂知识】输配电

工农业所需用的电能通常都是由发电厂供给的，而大中型发电厂一般都是建筑在蕴藏能源比较集中的地区，距离用电地区往往是几十公里、几百公里乃至上千公里。

发电厂、电力网和用电设备组成的统一整体称为电力系统。而电力网是电力系统的一部分，包括变电所、配电所以及各种电压等级的电力线路。其中，变电

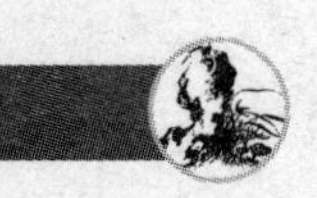

所、配电所是为了实现电能的经济输送以及满足用电设备对供电质量的要求，以对发电机的端电压进行多次变换而进行电能接受、变换电压和分配电能的场所。根据任务不同，将低电压变为高电压称为升压变电所，一般建在发电厂厂区内；而将高电压变换到合适的电压等级，则为降压变电所，一般建在靠近电能用户的中心地点。

单纯用来接受和分配电能而不改变电压的场所称为配电所，一般建在建筑物内部。从发电厂到用户的输配电过程如图 1-3 所示。

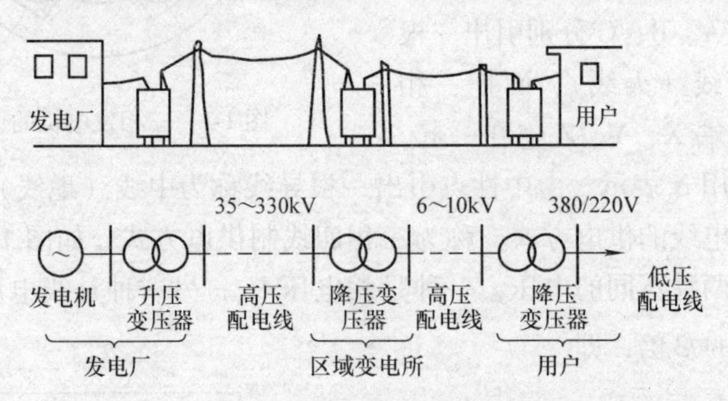

图 1-3　从发电厂到用户的输配电过程示意图

根据我国规定，交流电力网的额定电压等级有：220V、380V、3kV、6kV、10kV、35kV、110kV、220kV 等。习惯上把 1kV 及以上的电压称为高压，1kV 以下的称为低压，但需特别提出的是所谓低压只是相对高压而言，决不说明它对人身没有危险。

在我国的电力系统中，220kV 以上电压等级都用于大电力系统的主干线，输送距离在几百公里；110kV 的输送距离在 100km 左右；35kV 电压输送距离 30km 左右；而 6 ~ 10kV 为 10km 左右，一般城镇工业与民用用电均由 380/220V 三相四线制供电。

【新手必懂知识】配电变压器

变压器是电力系统中输电、变电、配电时用以改变电压、传输交流电能的设备。变压器种类繁多，用途广泛。这里只介绍配电变压器。

从高压电网的电力转化为可以带动各种用电设备电压电能的工作主要由电力系统的末级变压器、配电变压器来承担。选用配电变压器时，最主要的是注意它的电压和容量等参数。

变压器的外壳一般附有铭牌，上面标有变压器在额定工作状态下的性能指标。在使用变压器时，必须遵照铭牌上的规定。表 1-3 为变压器铭牌实例。

表 1-3 变压器铭牌

<table>
<tr><td colspan="6">变压器</td></tr>
<tr><td colspan="2">型号：SJ_1-50/10</td><td colspan="2">设备种类：户外式</td><td colspan="2">序号：1450</td></tr>
<tr><td colspan="2">标准代号：EOT · 517000</td><td colspan="2">冷却方式：油浸自冷</td><td colspan="2">频率：50Hz</td></tr>
<tr><td colspan="2">接线组别：Y，Y_n（Y/Y_0—12）</td><td colspan="4">相数：3</td></tr>
<tr><td>容　量</td><td colspan="2">高　压</td><td colspan="2">低　压</td><td>阻抗电压</td></tr>
<tr><td>kV · A</td><td>V</td><td>A</td><td>V</td><td>A</td><td>%</td></tr>
<tr><td rowspan="3">50</td><td>10500</td><td rowspan="3">2. 89</td><td rowspan="3">400</td><td rowspan="3">72. 2</td><td rowspan="3">4. 50</td></tr>
<tr><td>10000</td></tr>
<tr><td>9500</td></tr>
<tr><td colspan="6">器身吊重：375kg　油重：143kg　总重：518kg
制造厂：　　年　月</td></tr>
</table>

1. 配电变压器的型号

变压器的型号是由汉语拼音字母和数字组成的，其表示方法如：

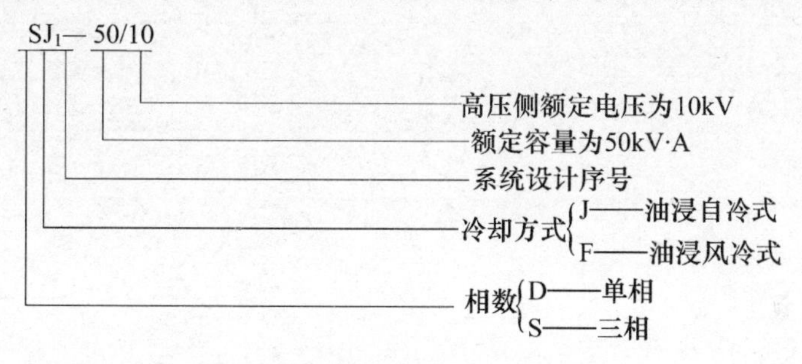

（1）产品代号的字母排列顺序及其含义。

1）相别：D——单相；S——三相。

2）冷却方式：J——油浸自冷；F——油浸风冷；FP——强迫油循环风冷；SP——强迫油循环水冷。

3）调压方式：Z——有载调压；无激磁调压不表示。

4）绕组数：S——三绕组；O——自耦；双绕组不表示。

5）绕组材料：L——铝绕组；铜绕组不表示。

（2）设计序号：以设计顺序数字表示。

（3）额定容量：用数字表示，单位为 kV · A。

（4）额定电压：用数字表示，是指高压绕组的电压，单位为 kV。

2. 变配电变压器的额定容量

额定容量是指在额定工作条件下变压器输出的视在功率。三相变压器的额定容量为三相容量之和，按标准规定为若干等级。

3. 变配电变压器的额定电压

额定电压是指变压器运行时的工作电压，以伏（V）或千伏（kV）表示。一般常用变压器高压侧电压为6300V、10000V等，而低压侧电压为230V、400V等。

4. 变配电变压器的额定电流

表示变压器各绕组在额定负载下的电流值，以安培（A）表示。在三相变压器中，一般是指线电流。

第二章

园林土方工程

第一节 地形设计

【新手必懂知识】地形处理的几种情况

园林中所有的景物、景点及大多数的功能设施都对地形有着多方面的要求。由于功能、性质的不同，对地形条件的要求也不同。园林绿地要结合地形造景或修建必要的实用性建筑。如果原有地形条件与设计意图和使用功能不符，就需要加以处理和改造，使之符合造园的需要。园林建设中，对地形进行处理一般有如下几种情况。

1. 园林功能的要求

园林中各项功能要求决定了地形处理的必要性，不同功能分区及景点设施对于地形的要求也有所不同。如文化娱乐、体育活动、儿童游戏区要求场地平坦，而游览观赏区最好要有起伏的地形及空间的分隔，水上娱乐区应有满足不同需要的水面等。

2. 园林造景的要求

园林造景要根据园林用地的具体条件及中国传统的造园手法，通过地形改造构成不同的空间。如要突出立面景观，就要使地形的起伏度、坡度较大；若要创设开朗风景，则可利用开阔的地段形成开敞的空间，地形的坡度要小。

3. 植物种植方面的要求

植物有多种不同的生态习性，要想形成生物多样、生态稳定的植物群落景观，就必须对地形进行改造和处理，从而为各种植物创造出适宜的种植环境。这样既可丰富植物景观，又可保证植物有较好的生态条件。

4. 城市环境的要求

园林景观是城市面貌的组成部分，城市格局会对园林地形的处理产生影响。如风景区或公园出入口的设计，取决于周围地形环境因素和公园内外联系的需要。由于周围环境是一个定值，因此，园林出入口的位置、集散广场、停车场的布置要根据环境的变化进行处理。

5. 弥补自然地形现状缺陷的需要

土地的现状不一定能满足设计的需要，必须在改造处理之后才能为园林建设所用。如一些大城市纷纷建起了高层建筑，其周围的地上、地下管线星罗棋布，挤占或破坏了绿化用地，如果不进行改土换土，就不能栽种植物，因此需要根据

地形状况进行必要的处理。

6. 园林工程技术的要求

在园林工程措施中，要考虑地形与园内排水的关系。地形不能造成积水和涝害，要有利于排水。同时，也要考虑排水对地形坡面稳定性的影响，进行有目的的护坡、护岸处理。在坡地设置建筑，需要对地形进行整平改造；在洼地开辟水体，也要改变原地形，挖湖堆山，降低和抬高一部分地面的高程。即使是一般的建筑修建，也需要破土挖槽，做好基础工程。所以，地形处理也是园林工程技术的要求。

【新手必懂知识】地形设计的原则

1. 边坡稳定性原则

在地表塑造时，地形起伏应适度，坡长应适中。通常，坡度小于1%的地形易积水、地表不稳定；坡度介于1% ~5%的地形排水较理想，适合于大多数活动内容的安排；但当同一坡面过长时，显得较单调，易形成地表径流。坡度介于5% ~10%的地形排水良好，而且具有起伏感，坡度大于10%的地形只能局部小范围加以利用。

2. 因地制宜的原则

在进行园林工程地形设计时，为达到用地功能、园林意境、原地形特点三者之间的有机统一，应在充分利用原有地形地貌的基础上，加以适当的地形改造，公园地形设计时，应顺应自然，充分利用原地形，宜水则水、宜山则山，布景做到因地制宜，得景随形。这样有利于减少土方工程量，从而节约劳动力，降低基建费用。

3. 创造适合园林植物生长的种植环境

城市园林中的用地，由于受城市建筑、城市垃圾等因素的影响，土质极为恶劣，对植物生长极不利。因此，在进行园林设计时，要通过利用和改造地形为植物生长发育创造良好的环境条件。城市中较低凹的地形可挖湖，并用挖出的土在园中堆山。为适宜多数乔木生长，可抬高地面。利用地形坡面，创造一个相对温暖的小气候条件，满足喜温植物的生长等。利用地形的高低起伏改变光照条件为不同的需光植物创造适生条件。

4. 园林用地功能划分原则

园林空间是一个综合性的环境空间，既是一个艺术空间，又是一个生活空间，而可行、可赏、可游、可居是园林设计所追求的基本思想。因此，在建园时，对园林地形的改造需要考虑构园要素中的水体、建筑、道路、植物在地形骨架上的合理布局及其比例关系。对园林中的各类要素大致的要求为：植物约占60%以上，水体占20%～25%，建筑为3%～5%，道路为5%～8%。在具体的设计中，各部分比例可酌减，但植物不得少于60%。

【新手必懂知识】地形设计的步骤

1. 准备工作

（1）园林用地及附近的地形图。

（2）收集市政建设部门的道路、排水、地上地下管线及与附近主要建筑的关系资料。

（3）收集园林用地及附近的水文、地质、土壤、气象等现况和历史有关资料。

（4）了解当地施工力量。

（5）现场踏勘。

2. 设计阶段

（1）施工地区等高线设计图（或用标高点进行设计），图样平面比例采用1:200或1:500，设计等高差为0.25～1m，图样上要求标明各项工程平面位置的详细标高，并要表示出该区的排水方向。

（2）土方工程施工图。

（3）园路、广场、堆山、挖湖等土方施工项目的施工断面图。

（4）土方量估算表。

（5）工程预算表。

（6）说明书。

3. 地形设计内容

（1）地形平面布局设计。平面布局设计是指各类园林地形在设计区的平面位置安排及所占平面面积的比例大小。地形平面布局应考虑如下几个因素：

1）因地制宜地满足园林风格、园林性质的需要。在平面布局上，必须根据园林风格和园林性质的要求来确定地形的类型及布局方式。而无论怎样布局，都必须满足园林的性质和风格要求，还要考虑民族文化的传统习俗。

2）必须充分考虑所容纳的游人量的因素。园林的主要功能是为游人服务的，理想的园林地形布局应是水面占25%～33%，陆地占67%～75%。

3）要统筹安排、主次分明。在地形工程设计时，必须做到意在笔先，即在心中要有一个大的地形骨架，统筹考虑各部分，并对不同部分的地形在位置、体量等方面有一个总的要求，在设计过程中分清主次，使地形在平面布局上自然和谐。

4）充分运用园林造景艺术手法。在地形平面布局中要因地制宜、巧于因借，并结合立面设计注意“三远”变化，创造出开朗或封闭的地形景观。

（2）地形竖向设计。地形竖向设计是指在设计区场地上进行垂直于水平面方向的布置和处理。竖向设计应与园林绿地总体规划同时进行。在设计中，应做到园林工程经济合理，环境质量舒适良好，风景景观优美动人。

1）竖向设计的原则。竖向设计是直接塑造园林立面形象的重要工作。其设计质量的好坏、设计所定各项技术经济指标的高低以及设计的艺术水平如何，都将对园林建设的全局造成影响。因此，在设计中不仅要反复比较、深入研究、审慎落笔之外，还要遵循以下几方面的设计原则：

① 功能优先，造景并重。

② 利用为主，改造为辅。

③ 因地制宜，顺应自然。

④ 就地取材，就近施工。

⑤ 填挖结合，土方平衡。

2）竖向设计的内容具体见表2-1。

表2-1 竖向设计的内容

项　目	内　容
地形设计	地形的设计和整理是竖向设计的一项主要内容。地形骨架的“塑造”，山水布局，峰、峦、坡、谷、河、湖、泉、瀑等地貌小品的设置，它们之间的相对位置、高低、大小、比例、尺度、外观形态、坡度的控制和高程关系等都要通过地形设计来解决。不同的土质有不同的自然倾斜角。山体的坡度不宜超过相应土壤的自然安息角。水体岸坡的坡度也要按有关规范的规定进行设计和施工。水体的设计应解决水的来源、水位控制和多余水的排放
园路、广场、桥涵和其他铺装场地的设计	图样上应以设计等高线表示出道路（或广场）的纵横坡和坡向，道桥连接处及桥面标高。在小比例图样中则用变坡点标高来表示园路的坡度和坡向 在寒冷地区，冬季冰冻、多积雪。为安全起见，广场的纵坡应小于7%，横坡不大于2%；停车场的最大坡度不大于2.5%；一般园路的坡度不宜超过8%。超过此值应设台阶，台阶应集中设置。为了游人行走安全，避免设置单级台阶。另外，为方便伤残人员使用轮椅和游人推童车游园，在设置台阶处应附设坡道
植物种植在高程上的要求	在规划过程中，公园基地上可能会有些有保留价值的老树。其周围的地面依设计如需增高或降低，应在图样上标注出保护老树的范围、地面标高和适当的工程措施。植物对地下水很敏感，有的耐水，有的不耐水，如雪松等，规划时应与不同树种创造不同的生活环境。水生植物种植，不同的水生植物对水深有不同要求，有湿生、沼生、水生等多种，如荷花适宜生活在水深0.6～1m的水中
建筑和其他园林小品	建筑和其他园林小品（如纪念碑、雕塑等）应标出其地坪标高及其与周围环境的高程关系，大比例图样建筑应标注各角点标高。如在坡地上的建筑，是随形就势还是设台筑屋；在水边上的建筑物或小品，则要标明与水体的关系

（续）

项　目	内　容
排水设计	在地形设计的同时要考虑地面水的排除，一般规定无铺装地面的最小排水坡度为1%，而铺装地面则为5%，但这只是参考限值，具体设计还要根据土壤性质和汇水区的大小、植被情况等因素而定
管道综合	园内各种管道（如供水、排水、供暖及煤气管道等）的布置，难免有些地方会出现交叉，在规划上就须按一定原则，统筹安排各种管道交会时合理的高程关系，以及它们和地面上的构筑物或园内乔灌木的关系

（3）竖向设计的方法。竖向设计的表达方法有多种，一般有等高线法、断面法和模型法三种。

1）等高线法。等高线法是园林地形设计中最常用的方法。由于在绘有原地形等高线的底图上用设计等高线进行设计，所以在同一张图样上便可表达原有地形、设计地形、平面布置及各部分的高程关系，方便设计。

① 概念。所谓等高线，就是绘制在平面图上的线条，将所有高于或低于水平面、具有相等垂直距离的各点连接成线。等高线也可以理解为一组垂直间距相等、平行于水平面的假想面与自然地形相交切所得到的交线在平面上的投影。等高线表现了地形的轮廓，仅是一种象征地形的假想线，在实际中并不存在。等高线法中还有一个需要了解的相关术语，就是等高距。等高距是一个常数，是指在一个已知平面上任何两条相邻等高线之间的垂直距离。

② 性质。每一条等高线都是闭合的，在同一条等高线上的所有的点，其高程都相等，如图2-1所示。

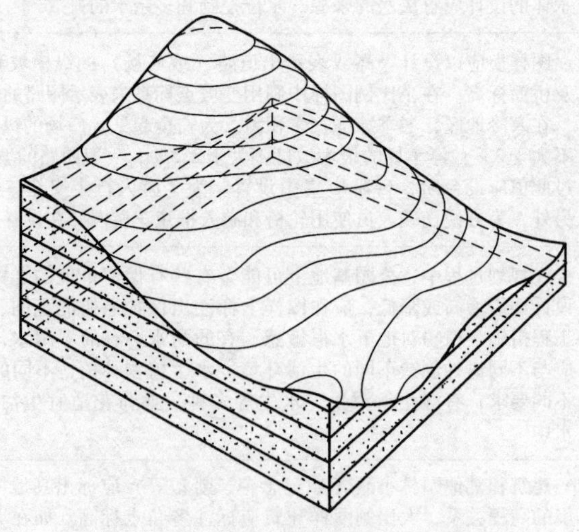

图2-1　等高线在切割面上闭合的情况

等高线的水平间距的大小，表示地形的缓或陡。如疏则缓，密则陡。等高线的间距相等，表示该坡面的角度相同，如果该组等高线平直，则表示该地形是一处平整过的同一坡度的斜坡。

等高线一般不相交或重叠，只有在悬崖处等高线才可能出现相交的情况。在某些垂直于地平面的峭壁、地坎或挡土墙驳岸处等高线才会重合在一起。

等高线在图样上不能直穿横过河谷、堤岸和道路等；由于以上地形单元或构筑物在高程上高出或低陷于周围地面，所以等高线在接近低于地面的河谷时转向上游延伸，而后穿越河床，再向下游走出河谷；如遇高于地面的堤岸或路堤时等高线则转向下方，横过堤顶转向上方而后走向另一侧，如图 2-2 所示。

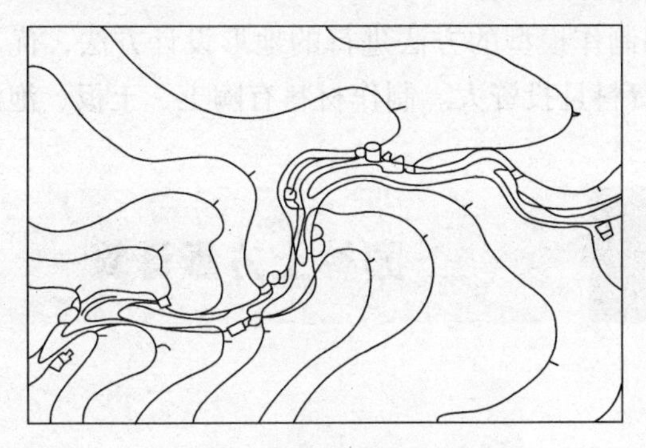

图 2-2　用等高线表现山涧

③ 用等高线设计地形的方法。用设计等高线进行竖向设计时一般经常用到两个公式：一是用插入法求两相邻等高线之间任一点的公式；二是坡度公式。

插入法：如图 2-3 为一地形图的局部，求 *A* 点的高程。

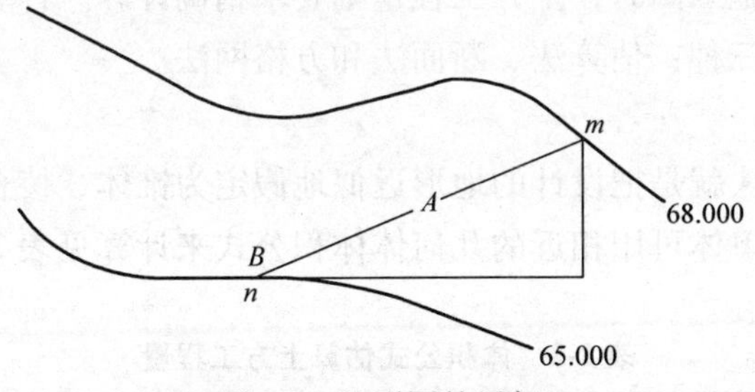

图 2-3　地形图的局部

（用插入法求 *A* 点高程，单位：m）

B 点高程为 65.000m，*A* 点位于两条等高线之间，通过 *A* 点画一条大致垂直于等高线的线段 *mn*，则可确定 *nA* 点占 *mn* 的几分之几，从而可确定 *A* 点高程。

$H_A = H_B + nA/mn \times (68.000 - 65.000) = (65.000 + 0.7 \times 3)\text{m} = 67.100\text{m}$

坡度公式：

$$I = h/L$$

式中 I——坡度（%）；

h——高差（m）；

L——水平间距（m）。

2）断面法。用许多断面表示原有地形和设计地形的状况的方法，这种方法便于土方量计算，但需要较精确的地形图。断面的取法可沿所选定的轴线取设计地段的横断面，断面间距根据所需精度而定。也可在地形图上绘制方格网，方格边长可依据设计精度确定。设计方法是在每一方格角点上求出原地形标高，根据设计意图求取该点的设计标高。

3）模型法。用制作模型的方法进行的地形设计方法，优点是直观形象，缺点是费工、费时、费料且投资大。制作材料有陶土、土板、泡沫板等。

【新手必懂知识】园林土方量的计算方法

土方量的计算一般是根据附有原地形等高线的设计地形来进行的。根据精确程度要求，可分为估算和计算。在规划阶段，土方量的计算无需太过精细，粗略估计即可。而在作施工图时，土方工程量则要求精确计算。计算土方量的方法很多，常有的大致有三种：估算法、断面法和方格网法。

1. 估算法

体积公式估算法就是把设计的地形近似地假定为锥体、棱台等几何形体的地形单体，这些地形单体可用相近的几何体体积公式来计算见表2-2。该方法简便、快捷，但精度不够。

表2-2　体积公式估算土方工程量

序号	几何体名称	几何体形状	体积公式
1	圆锥	h S r	$V=\frac{1}{3}\pi r^2 h$

（续）

序号	几何体名称	几何体形状	体积公式
2	圆台	S_1 r_1 h S_2 r_2	$V=\frac{1}{3}\pi h(r_1^2+r_2^2+r_1r_2)$
3	棱锥	h S	$V=\frac{1}{3}S\times h$
4	棱台	S_1 h S_2	$V=\frac{1}{3}h(S_1+S_2+\sqrt{S_1S_2})$
5	球锥	h r	$V=\frac{\pi h}{6}(h^2+3r^2)$

注：V—体积；r—半径；S—底面积；h—高；r_1、r_2—上、下底半径；S_1、S_2—上、下底面积

2. 断面法

断面法是以一组等距（或不等距）的相互平行的截面将拟计算的地块、地形单体（如山、溪涧、池、岛等）和土方工程（如堤、沟渠、路堑、路槽等）分截成“段”，分别计算这些“段”的体积，将各段体积累加，以求得该计算对象的总土方量。用此方法计算土方量时，精度取决于截取的断面的数量，多则较精确，少则较粗略。

断面法可分为垂直断面法、等高面法与水平面成一定角度的成角断面法。

（1）垂直断面法。垂直断面法多用于园林地形纵横坡度有规律变化地段的土方工程量计算，计算较为方便。其计算方法如下：

1）用一组相互平行的垂直截断面将要计算的地形截成多“段”，相邻两断面之间间距一般用10m或20m，平坦地区可大些，但不得大于100m，如图2-4所示。

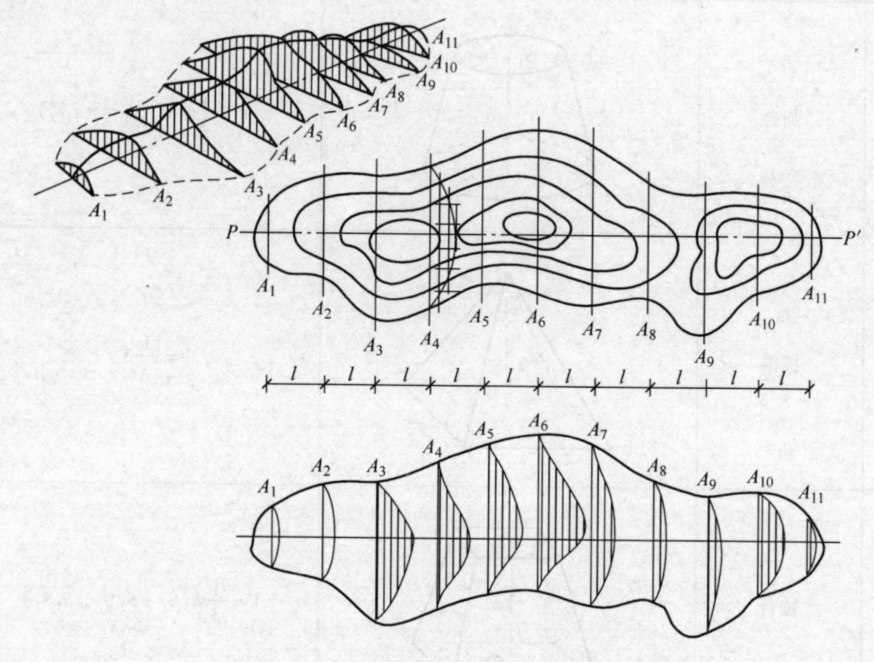

图2-4　带状土山垂直断面取法

2）分别计算每个“段”的体积，把各“段”的体积相加，即得总土方量，公式为：

$$V=\frac{A_1+A_2}{2}L$$

式中　V——相邻两断面的土方量（m^3）；

A_1，A_2——相邻两横断面的挖（或填）方断面面积（m^2）；

L——相邻两横断面的间距（m）。

（2）等高面法。等高面法又称为水平断面法，是沿等高线取断面，等高距即为两相邻断面的高差，计算方法同断面法。等高面法最适于大面积的自然山水地形的土方计算。我国园林向来崇尚自然，园林中山水布局讲究，地形的设计要求因地制宜，充分利用原地形，以节约工力。同时为了造景又要使地形起伏多变。总之，挖湖堆山的工程是在原有的崎岖不平的地面上进行的。所以计算土方量时必须考虑到原有地形的影响，这也是自然山水园土方计算较繁杂的原因。由于园林设计图样上的原地形和设计地形均用等高线表示，因而采用等高面法进行计算最为方便，如图2-5所示。

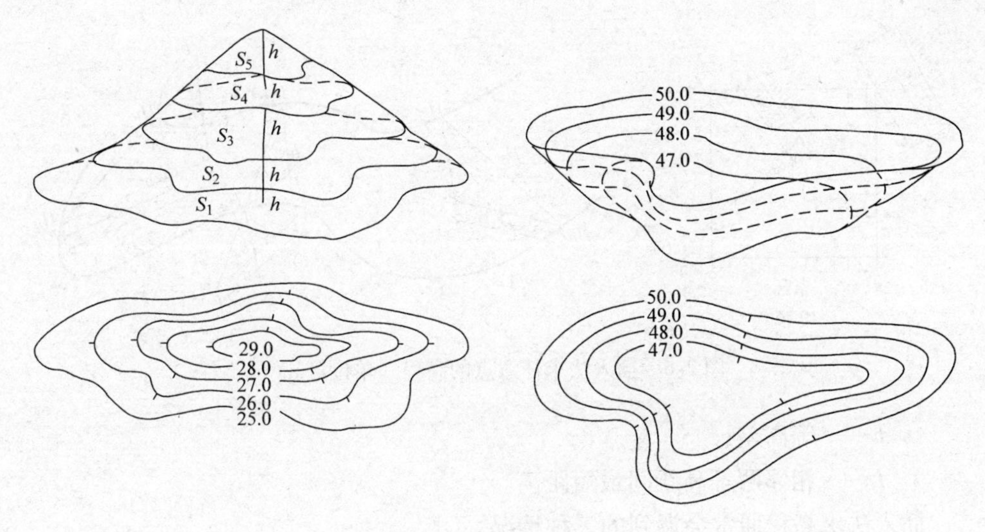

图 2-5　等高面法图示

其体积计算公式如下：

$$V=\frac{S_1+S_2}{2}h+\frac{S_2+S_3}{2}h+\cdots+\frac{S_{n-1}+S_n}{2}+\frac{S_nh}{3}$$

$$=\left(\frac{S_1+S_n}{2}+S_2+S_3+S_4+\cdots+S_{n-1}\right)h+\frac{S_nh}{3}$$

式中　V——土方体积（m^3）；

S——断面面积（m^2）；

h——等高距（m）。

3. 方格网法

方格网法是把平整场地的设计工作与土方量计算工作结合在一起进行的，用方格网计算土方量相对比较精确，一般用于平整场地，其基本工作程序如下：

（1）划分方格网。根据已有地形图将场地划分成若干个方格网，尽量与测量的纵、横坐标网对应，将相应设计标高和自然地面标高分别标注在方格点的右上角和右下角。将自然地面标高与设计地面标高的差值，即各角点的施工高度（挖或填）填在方格网的左上角，挖方为（+），填方为（-），用插入法求得原地形标高，如图 2-6 所示。

$$H_x=H_a\pm\frac{xh}{L}$$

式中　H_x——角点原地形标高；

H_a——低边等高线的高程；

x——角点至低边等高线的距离；

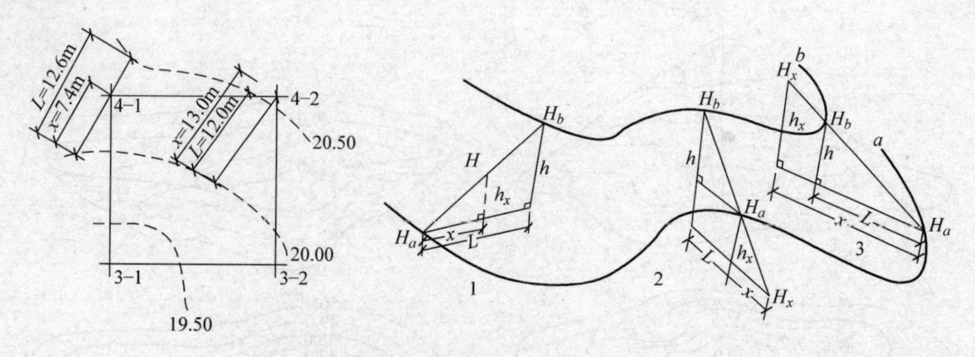

图 2-6　插入法求任意点的高程（单位：m）

h——等高差；

L——相邻两等高线间最短距离。

插入法求高程通常会遇到的三种情况。

当待求点标高 H_x 在两等高线之间时：

$$h_x : h = x : L \qquad h_x = \frac{xh}{L}$$

$$H_x = H_a + \frac{xh}{L}$$

当待求点标高 H_x 在低边等高线 H_a 的下方时：

$$h_x : h = x : L \qquad h_x = \frac{xh}{L}$$

$$H_x = H_a - \frac{xh}{L}$$

当待求点标高 H_x 在高边等高线 H_b 的上方时：

$$h_x : h = x : L \qquad h_x = \frac{xh}{L}$$

$$H_x = H_a + \frac{xh}{L}$$

（2）计算零点位置。零点即不挖不填的点，零点的连线就是零点线，在一个方格网内同时有挖方或填方时，一定有零点线，应计算出方格网边上的零点的位置，并在方格网上标注出来，连接零点即得填方区与挖方区的分界线，即零点线。零点的位置按下式计算：

$$x_1 = \frac{h_1}{h_1 + h_3} a$$

$$x_2 = \frac{h_3}{h_1 + h_3} a$$

式中　x_1，x_2——角点至零点的距离（m）；

h_1，h_2——相邻两角点的施工高度（均用绝对值）（m）；

a——方格网的边长（m）。

（3）土方量计算。根据方格网中各个方格的填挖情况，分别计算出每一方格的土方量，几种相应的计算图及计算公式见表 2-3。计算出每个方格的土方工程量后，再对每个网格的挖方、填方量进行合计，算出填、挖方总量。

表 2-3　方格网计算图及计算公式

挖填情况	平面图式	立体图式	计算公式
四点全为填方（或挖方）时	h_1 h_2 V a h_3 h_4 a	h_1 h_2 h_3 h_4	$\pm V=\frac{a^2\sum h}{4}$
两点填方两点挖方时	$+h_1$ $+h_2$ b c $+V$ o o $-V$ $-h_3$ $-h_4$ a	$+h_1$ $+h_2$ o o $-h_3$ $-h_4$	$\pm V=\frac{a(b+c)\sum h}{8}$
三点填方（或挖方），一点挖方（或填方）时	$+h_1$ $+h_2$ o $+V$ a b $-V$ $-h_3$ $+h_4$ c o	o $+h_1$ $+h_2$ $-h_3$ o $+h_4$	$\pm V=\frac{(bc)\sum h}{6}$ $\pm V=\frac{(2a^2-bc)\sum h}{10}$
相对两点为填方（或挖方）余两点为挖方（或填方）时	$+h_1$ $-h_2$ b $+V$ o c o $-V$ o e $-h_3$ $+V$ $+h_4$ o d	$+h_1$ $-h_2$ o o $+h_4$ o $-h_3$ o	$\pm V=\frac{bc\sum h}{6}$ $\pm V=\frac{de\sum h}{6}$ $\pm V=\frac{(2a^2-bc-de)\sum h}{12}$

注：计算公式中的“+”表示挖方，“-”表示填方。

【新手必懂知识】土方的平衡与调配

土方的平衡与调配是指在计算出土方的施工标高、填方区和挖方区的标高及其土方量的基础上，划分出土方调配区，计算各调配区的土方量、土方的平均运距，确定土方的最优调配方案，给出土方调配图。

土方的平衡与调配工作是地形工程设计（或土方规划设计）的一项重要内容，其目的在于土方运输量或土方成本为最低的条件下，确定填方区和挖方区土方的调配方向和数量，从而达到缩短工期和提高经济效益的目的。

1. 土方的平衡与调配原则

进行土方的平衡与调配时，必须考虑工程和现场情况，工程的进度要求和土方施工方法以及分期分批施工工程的土方堆放和调运问题，经过全面研究，确定平衡与调配的原则之后，才能着手进行土方的平衡与调配工作，土方的平衡与调配的原则如下：

（1）与填方基本达到平衡，减少重复倒运。

（2）挖（填）方量与运距的乘积之和尽可能为最小，即总土方运输量或运输费用最小。

（3）分区调配与全场调配相协调，避免只顾局部平衡，而破坏全局平衡。

（4）好土用在回填质量要求较高的地区，避免出现质量问题。

（5）土方调配应与地下构筑物的施工相结合，有地下设施的填土应留土后填。

（6）选择恰当的调配方向、运输路线、施工顺序，避免土方运输出现对流和乱流现象，同时便于机具调配和机械化施工。

（7）取土或去土应尽量不占用园林绿地。

2. 土方的平衡与调配方法

（1）划分调配区。在平面图上划出挖方区和填方区的分界线，并在挖方区和填方区划分出若干调配区，确定调配区的大小和位置，划分时注意以下几点：

1）划分应考虑开工及分期施工顺序。

2）调配区大小应满足土方施工使用的主导机械的技术要求。

3）调配区范围应和土方工程量计算使用的方格网相协调，一般可由若干个方格组成一个调配区。

4）若土方运距较大或场地范围内土方调配不能达到平衡时，可考虑就近借土或弃土。

（2）计算各调配区土方量。根据已知条件计算出各调配区的土方量，并标注在调配图上。

(3) 计算各调配区之间的平均运距。调配区之间的平均运距是指挖方区土方重心与填方区土方重心的距离。一般情况下，可以用作图法近似地求出调配区的重心位置，并标注在图上，用比例尺量出每对调配区的平均运输距离。

(4) 确定土方最优调配方案。用“表上作业法”求解，使总土方运输量为最小值，即为最优调配方案。

(5) 绘出土方调配图。根据以上计算标出调配方向、土方数量及运距（平均运距加上施工机械前进、倒退和转弯必需的最短长度）。

【新手必懂知识】土壤的工程分类

土壤的分类按研究方法和适用目的的不同有不同的划分方法，在土方工程和预算中，按开挖难易程度，可将土壤分为松土、半坚土、坚土三大类，具体内容见表2-4。

表2-4　土壤的工程分类

土类	级别	编号	土壤的名称	天然含水量状态下土壤的平均密度/(kg/m^2)	开挖方法及工具
松土	Ⅰ	1	砂	1500	用锹挖掘
		2	植物性土壤	1200	
		3	壤土	1600	
半坚土	Ⅱ	1	黄土类黏土	1600	用锹、镐挖掘，局部采用撬棍开挖
		2	15mm以内的中小砾石	1700	
		3	砂质黏土	1650	
		4	混有碎石与卵石的腐殖土	1750	
	Ⅲ	1	稀软黏土	1800	
		2	15~50mm的碎石及卵石	1750	
		3	干黄土	1800	
坚土	Ⅳ	1	重质黏土	1950	用锹、镐，撬棍、凿子、铁锤等开挖，或用爆破方法开挖
		2	含有50kg以下石块的黏土块石所占体积<10%	2000	
		3	含有10kg以下石块的粗卵石	1950	
	Ⅴ	1	密实黄土	1800	
		2	软泥灰岩	1900	
		3	各种不坚实的页岩	2000	
		4	石膏	2200	
	Ⅵ Ⅶ		均为岩石类，省略	2000~2900	爆破

【新手必懂知识】土壤的工程性质

土壤的工程性质对土方工程的稳定性、施工方法、工程量及工程投资有很大关系，也涉及到工程设计、施工技术和施工组织的安排。

1. 土壤的表观密度

土壤表观密度是指单位体积内，天然状态下的土壤质量，单位为 kg/m^3。土壤表观密度的大小直接影响施工难易程度和开挖方式，密度越大，越难挖掘。

2. 土壤的相对密度

在填方工程中，土壤的相对密实度是检查土壤施工中密实程度的标准。可以采用人力夯实或机械夯实，使土壤达到设计要求的密实度。一般采用机械压实，其密实度可达 95%，人力夯实可达 87% 左右。大面积填方如堆山等，通常不加夯压，而是借土壤的自重慢慢沉落，久而久之也可达到一定的密实度。

3. 土壤的含水量

土壤的含水量是指土壤孔隙中的水重和土壤颗粒重的比值。土壤含水量在 5% 以内称为干土，在 30% 以内称为潮土，大于 30% 称为湿土。土壤含水量的多少对土方施工的难易也有直接的影响。土壤含水量过小，土质过于坚实，不易挖掘；土壤含水量过大，易出现泥泞，也不利于施工。

4. 土壤的渗透性

土壤的渗透性是指土壤允许水透过的性能，土的渗透性与土壤的密实程度紧密相关。土壤中的空隙大，渗透系数就高。土壤渗透系数应按下式计算：

$$K=\frac{V}{i}$$

式中 V——渗透水流的速度（m/d）；

K——渗透系数（m/d）；

i——水的边坡度。

当 $i=1$ 时，$K=V$，即渗透水流速度与渗透系数相等。

5. 土壤的可松性

土壤的可松性是指土壤经挖掘后，其原有紧密结构遭到破坏，土体松散而使体积增加的性质。这一性质与土方工程的挖土量和填土量的计算及运输有很大关系。土壤种类不同，可松性系数也不同。常见土壤的可松性系数见表 2-5。

表 2-5 常见土壤的可松性系数

土壤种类	K_1	K_2
砂土、轻粉质黏土、种植土、淤泥土粉质黏土，潮湿黄土、砂土混碎（卵）石	1.08 ~ 1.17 1.14 ~ 1.28	1.01 ~ 1.03 1.02 ~ 1.05
建筑土 重粉质黏土、干黄土、含碎（卵）石的粉质黏土	1.24 ~ 1.30	1.04 ~ 1.07
重黏土、含碎（卵）石的黏土 粗卵石，密实黄土	1.25 ~ 1.32	1.06 ~ 1.09
中等密实的页岩、泥炭岩 白垩土、软石灰岩	1.30 ~ 1.45	1.10 ~ 1.20

【新手必懂知识】土壤的自然倾斜面与坡度

土壤的自然堆积，经沉落稳定后的表面与地平面所形成的夹角就是土壤的自然倾斜角，用 α 表示，如图 2-7 所示。在工程设计时，为了使工程稳定，其边坡坡度数值应参考相应土壤的自然倾斜角的数值，土壤自然倾斜角还受到其含水量的影响，见表 2-6。

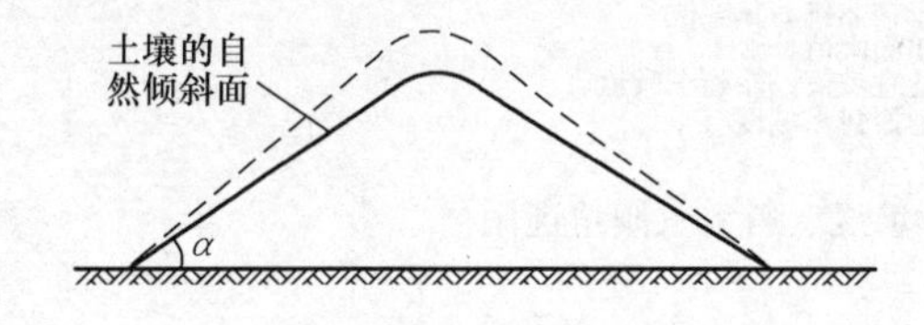

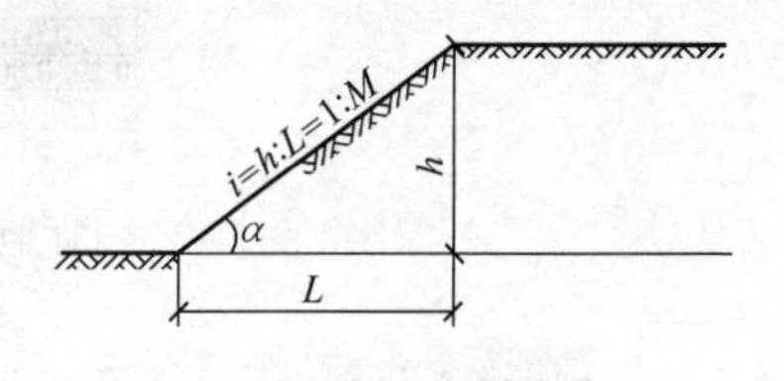

图 2-7 土壤的自然倾斜面与坡度
a）土壤的自然倾斜面与倾斜角 b）坡度图示

表 2-6 土壤的自然倾斜角

土壤名称	土壤含水量			土壤颗粒尺寸/mm
	干的（°）	潮的（°）	湿的（°）	
砾石	40	40	35	2 ~ 20
卵石	35	45	25	20 ~ 200
粗砂	30	32	27	1 ~ 2
中砂	28	35	25	0.5 ~ 1
细砂	25	30	20	0.05 ~ 0.5
黏土	45	35	15	<0.001 ~ 0.005
壤土	50	40	30	—
腐殖土	40	35	25	—

【新手必懂知识】园林地形设计坡度、斜率、倾角选用

园林地形设计坡度、斜率、倾角选用如图 2-8 所示。

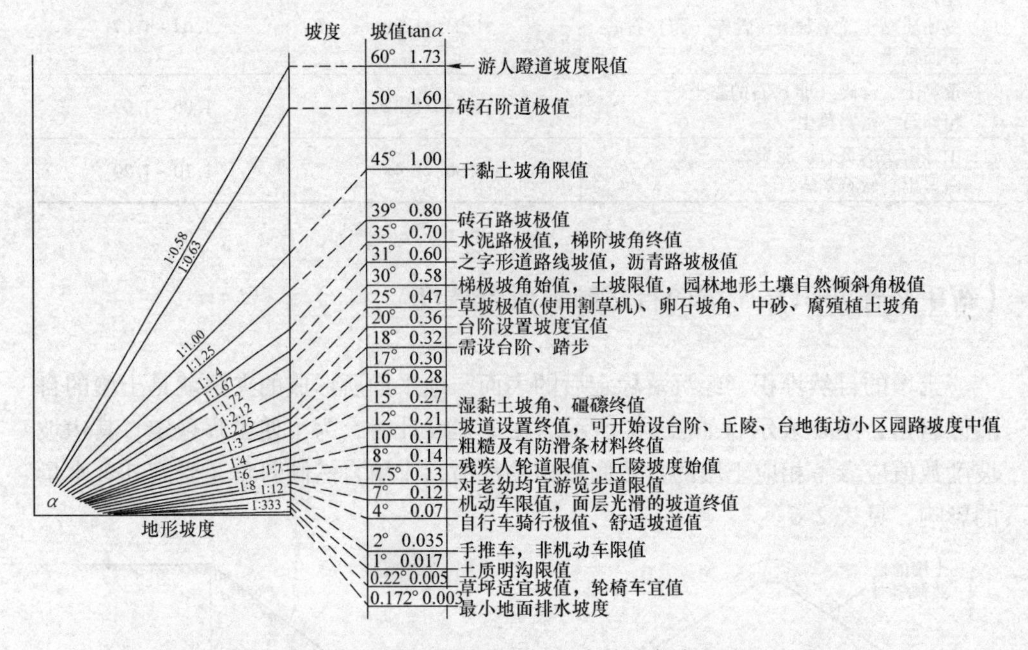

图 2-8　园林地形设计坡度、斜率、倾角选用

第四节　土方工程施工技术

【高手必懂知识】施工准备

1. 前期准备工作

前期准备工作的具体内容见表 2-7。

2. 清理现场

(1) 按设计或施工要求范围和标高平整场地，将土方堆到规定弃土区。凡在施工区域内，影响工程质量的软弱土层、淤泥、腐殖土、大卵石、孤石、垃圾、树根、草皮以及不宜做填土和回填土料的稻田湿土，应分情况采取全部挖除或设排水沟疏干、抛填块石、砂砾等方法进行妥善处理。

表 2-7　前期准备工作

项　　目	内　　容
研究和审查图样	检查图样和资料是否齐全，核对平面尺寸和标高，图样相互间有无错误和矛盾；掌握设计内容及各项技术要求，了解工程规模、特点、工程量和质量要求；熟悉土层地质、水文勘察资料；会审图样，搞清构筑物与周围地下设施管线的关系，图样相互间有无错误和冲突；研究好开挖程序，明确各专业工序间的配合关系、施工工期要求；并向参加施工人员层层进行技术交底
勘察施工现场	为便于施工规划和准备提供可靠的资料和数据，应摸清工程场地情况，收集施工需要的各项资料，包括施工场地地形、地貌、地质水文、河流、气象、运输道路、植被、邻近建筑物、地下基础、管线、电缆基坑、防空洞、地面上施工范围内的障碍物和堆积物状况，供水、供电、通信情况，防洪排水系统等
编制施工方案	研究制订现场场地整平、土方开挖施工方案；绘制施工总平面布置图和土方开挖图，确定开挖路线、顺序、范围、底板标高、边坡坡度、排水沟水平位置，以及挖去的土方堆放地点；提出需用施工机具、劳力、推广新技术计划；深开挖还应提出支护、边坡保护和降水方案

（2）有一些土方施工工地可能残留了少量待拆除的建筑物或地下构筑物，在施工前要拆除掉。拆除时，应根据其结构特点，并遵循现行《建筑施工安全技术统一规范》（GB 50870—2013）的规定进行操作。操作时可以用镐、铁锤，也可用推土机、挖土机等设备。

（3）施工现场残留有一些影响施工并经有关部门审查同意砍伐的树木，要进行伐除。凡土方挖深不大于 50cm，或填方高度较小的土方施工，其施工现场及排水沟中的树木，都必须连根拔除。清理树蔸除用人工挖掘外，直径在 50cm 以上的大树蔸还可用推土机铲除或用爆破法清除。大树一般不允许伐除，如果现场的大树、古树很有保留价值，则要提请建设单位或设计单位对设计进行修改。

3. 做好排水设施

（1）场地积水立即排除。对场地积水应立即排除，特别是在雨季，在有可能流来地表水的方向都应设上堤或截水沟、排洪沟。在地下水位高的地段和河池湖底挖方时，必须先开挖先锋沟，如图 2-9 所示，设置抽水井，选择排水方向，并在施工前几天将地下水抽干，或保证地下水位在施工面 1. 5cm 以下。

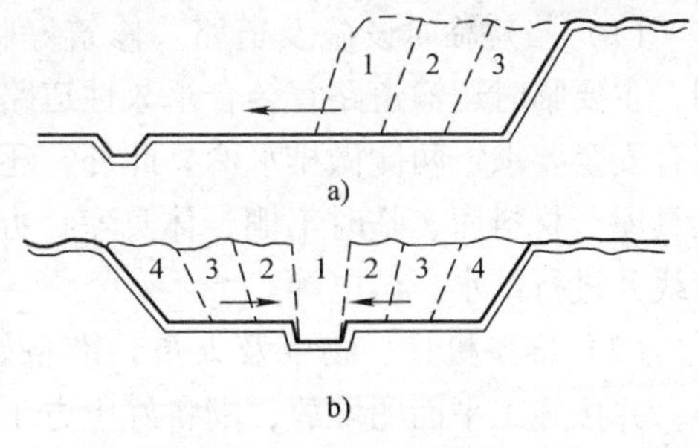

图 2-9　施工场地的排水方法
a）一边作业、边侧排水　b）两边作业、中间排水

（2）施工期间及时抽水。为了保证排水通畅，排水沟的纵坡不应小于 2%，沟的边坡值为 1:1. 5，沟底宽及沟深不小于 50cm。挖湖施工中的排水沟深度应深于水体挖深，沟可一次挖掘到底，也可以依施工情况分层开挖。

4. 定点放线

清场之后，为了确定填挖土标高及施工范围，应对施工现场进行放线打桩。土方施工类型不同，其打桩放线的方法也不同。

（1）平整场地的放线。将原来高低不平、比较破碎的地形按设计要求整理成为平坦的具有一定坡度的场地，如停车场、集散广场、体育场等。对土方平整工程，一般采用方格网法施工放线。将方格网放样到地上，在每个方格网交点处立木桩，木桩上应标有桩号和施工标高，木桩一般选用5cm×5cm×40cm 的木条，侧面须平滑，下端削尖，以便打入土中，桩上的桩号与施工图上方格网的编号一致，施工标高中挖方注上“+”号，填方注上“-”号，如图 2-10 所示。在确定施工标高时，由于实际地形可能与图样有出入，因此如所改造地形要求较高，则需要放线时用水准仪重新测量各点标高，重新确定施工标高。

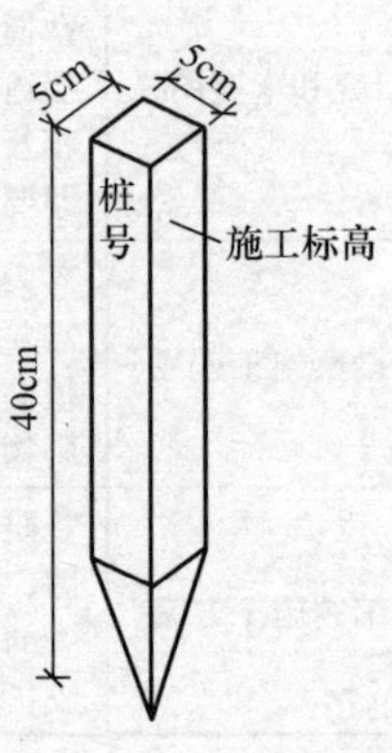

图 2-10　施工木桩

（2）挖湖堆山的放线。挖湖堆山的放线仍可以利用方格作为控制网，如图 2-11a所示。堆山填土时由于土层不断加厚，桩可能被土埋没，所以常采用标杆法或分层打桩法。对于较高山体，采用分层打桩法，如图 2-11b 所示，分层打桩时，桩的长度应大于每层填土的高度。土山不高于 5m 的，可用标杆法，即用长竹竿做标杆，在桩上把每层标高定好，如图 2-11c 所示。为了精确施工，可以用边坡样板来控制边坡坡度，如图 2-11d 所示。

5. 临时设施及人、材、机准备

（1）修建临时设施及道路。修筑好临时道路，以供机械进场和土方运输之用，主要临时运输道路宜结合永久性道路的布置修筑。道路的坡度、转弯半径应符合安全要求，两侧做排水沟。此外，还要安排修建临时性生产和生活设施（如工具库、材料库、临时工棚、休息室、办公棚等），同时敷设现场供水、供电等管线并进行试水、试电等。

（2）准备机具、物资及人员。准备好挖土、运输车辆及施工用料和工程用料，并按施工平面图堆放，配备好土方工程施工所需的各专业技术人员、管理人员和技术工人等。

【高手必懂知识】土方施工技术

1. 土方的挖掘

（1）一般规定。

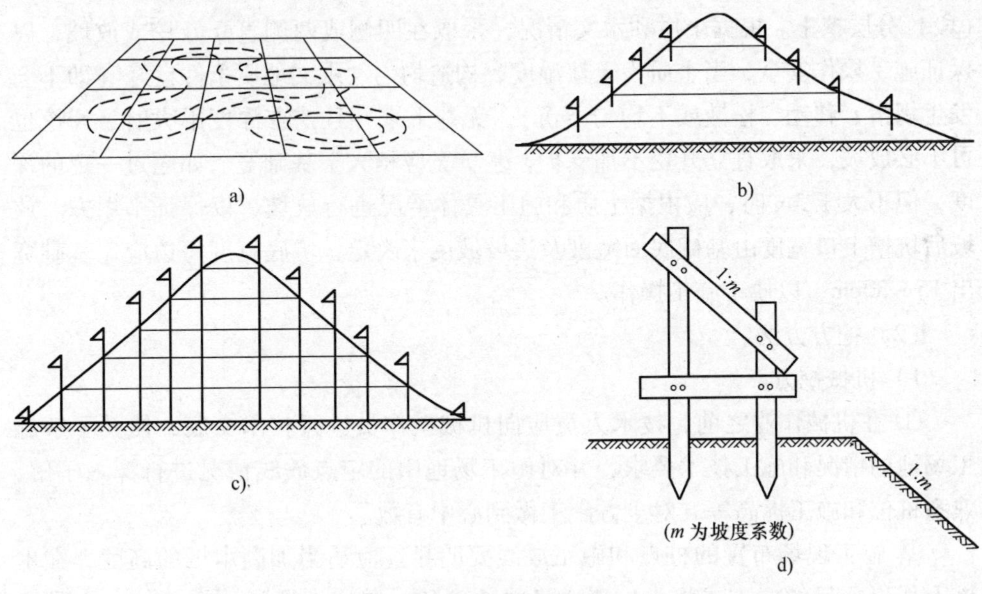

图 2-11 挖湖堆山放线

a）方格网放线 b）分层打桩 c）标杆法 d）边坡样板

1）挖方边坡坡度应根据使用时间（临时或永久性）、土的种类、物理力学性质（内摩擦角、黏聚力、密度、湿度）、水文情况等确定。对于永久性场地，挖方边坡坡度应按设计要求放坡，如设计无规定，应根据工程地质和边坡高度，结合当地实践经验确定。

2）对软土土坡或极易风化的软质岩石边坡，应对坡脚、坡面采取喷浆、抹面、嵌补、砌石等保护措施，并做好坡顶、坡脚排水，避免在影响边坡稳定的范围内积水。

3）应根据挖方深度、边坡高度和土的类别确定挖方上边缘至土堆坡脚的距离。当土质干燥密实时，不得小于3m；当土质松软时，不得小于5m。在挖方下侧弃土时，应将弃土堆表面整平至低于挖方场地标高并向外倾斜，或在弃土堆与挖方场地之间设置排水沟，防止雨水排入挖方场地。

4）施工者应有足够的工作面积，一般人均4～6m^2。

5）开挖土方附近不得有重物及易塌落物。

6）在挖土过程中，随时注意观察土质情况，注意留出合理的坡度。若须垂直下挖，松散土挖方深度不得超过0.7m，中等密度土挖方深度不超过1.25m，坚硬土挖方深度不超过2m。超过以上数值的须加支撑板，或保留符合规定的边坡。挖方工人不得在土壁下向里挖土，以防塌方。施工过程中必须注意保护基桩、龙门板及标高桩。

7）开挖前应先进行测量定位，抄平放线，定出开挖宽度，按放线分块

（段）分层挖土。根据土质和水文情况，采取在四侧或两侧直立开挖或放坡，以保证施工操作安全。当土质为天然湿度、构造均匀、水文地质条件良好（即不会发生坍滑、移动、松散或不均匀下沉），无地下水并且挖方深度不大时，开挖也可不必放坡，采取直立开挖不加支护，基坑宽应稍大于基础宽。如超过一定的深度，但不大于5m时，应根据土质和施工具体情况进行放坡，以保证不塌方。放坡后坑槽上口宽度由基础底面宽度及边坡坡度来决定，坑底宽度每边应比基础宽出15～30cm，以便于施工操作。

（2）挖方方法。

1）机械挖方。

① 在机械作业之前，技术人员应向机械操作员进行技术交底，使其了解施工场地的情况和施工技术要求，并对施工场地中的定点放线情况进行深入了解，熟悉桩位和施工标高等。对土方施工做到心中有数。

② 施工现场布置的桩点和施工放线要明显。应适当加高木桩的高度，在木桩上作出醒目的标志或将木桩漆成显眼的颜色。在施工期间，施工技术人员应和推土机手密切配合，随时随地用测量仪器检查桩点和放线情况，以免挖错位置。

③ 在挖湖工程中，施工坐标桩和标高桩一定要保护好。挖湖的土方工程因湖水深度变化比较一致，而且放水后水面以下部分不会暴露，所以在湖底部分的挖土作业可以比较粗放，只要挖到设计标高处，并将湖底地面推平即可。但对湖岸线和岸坡坡度要求很准确的地方，为保证施工精度，可以用边坡样板来控制边坡坡度的施工。

④ 挖土工程中对原地面表土要注意保护。因表土的土质疏松肥沃，适于种植园林植物。所以对地面50cm厚的表土层（耕作层）进行挖方时，要先用推土机将施工地段的这一层表面熟土推到施工场地外围，待地形整理停当，再把表土推回铺好。

2）人工挖方。

① 挖土施工中一般不垂直向下挖得很深，要有合理的边坡，并要根据土质的疏松或密实情况确定边坡坡度的大小。

② 对岩石地面进行挖方施工，一般要先行爆破，将地表一定厚度的岩石层炸裂为碎块，再进行挖方施工。爆破施工时，要先打好炮眼，装上炸药雷管，待清理施工现场及其周围地带，确认爆破区无人滞留之后，再点火爆破。爆破施工的最紧要处就是要确保人员安全。

③ 相邻场地基坑开挖时，应遵循先深后浅或同时进行的施工程序。挖土应自上而下水平分段分层进行，每层0.3m左右。边挖边检查坑底宽度及坡度，不

够时及时修整，每3m左右修一次坡，至设计标高，再统一进行一次修坡清底，检查坑底宽和标高，要求坑底凹凸不超过1.5cm。在已有建筑物侧挖基坑（槽）应间隔分段进行，每段不超过2m，相邻段开挖应待已挖好的槽段基础完成并回填夯实后进行。

④ 基坑开挖应尽量防止对地基土的扰动。当用人工挖土，基坑挖好后不能立即进行下道工序时，应预留15～30cm上层土不挖，待下道工序开始再挖至设计标高。采用机械开挖基坑时，为避免破坏基底土，应在基底标高以上预留一层人工清理。使用铲运机、推土机或多斗挖土机时，保留土层厚度为20cm；使用正铲、反铲或拉铲挖土时，保留土层厚度为30cm。

⑤ 在地下水位以下挖土，应在基坑（槽）四侧或两侧挖好临时排水沟和集水井，将水位降低至坑槽底以下500mm，以利于挖方。降水工作应持续到基础施工完成（包括地下水位下回填土）。

2. 土方的运输

（1）人工运土。人工转运土方一般为短途的小搬运。搬运方式有用人力车拉、用手推车推或由人力肩挑背扛等。在有些园林局部或小型工程施工中常采用这种转运方式。

（2）机械运土。机械转运土方通常为长距离运土或工程量很大时的运土，运输工具主要是装载机和汽车。根据工程施工特点和工程量大小的不同，还可采用半机械化和人工相结合的方式转运土方。

此外，在土方转运过程中，应充分考虑运输路线的安排、组织，尽量使路线最短，以节省运力。土方的装卸应有专人指挥，要做到卸土位置准确，运土路线顺畅，能够避免混乱和窝工。汽车长距离转运土方需要经过城市街道时，车厢不能装得太满，在驶出工地之前应当将车轮粘上的泥土全扫掉，不得在街道上撒落泥土和污染环境。

（3）挖方与土方转运的安全措施。

1）人工开挖时，两人操作间距应大于2.5m。多台机械开挖，挖土机间距应大于10m。在挖土机工作范围内，不许进行其他作业。挖土应由上而下，逐层进行，严禁先挖坡脚或逆坡挖土。

2）挖土方不得在危岩、孤石的下边或贴近未加固的危险建筑物的下面进行。

3）开挖应严格按要求放坡。操作时应随时注意土壁的变动情况，如发现有裂纹或部分坍塌现象，应及时进行支撑或放坡，并注意支撑的稳固和土壁的变化。当采取不放坡开挖时，应设置临时支护，各种支护应根据土质及深度经计算确定。

4）机械多台次同时开挖，应验算边坡的稳定，挖土机离边坡应有一定的安全距离，以防坍方，造成翻机事故。

5）深基坑上下应先挖好阶梯或支撑靠梯，或开斜坡道，并采取防滑措施，禁止踩踏支撑上下，坑四周应设安全栏杆。

6）人工吊运土方时，应检查起吊工具及绳索是否牢靠；吊斗下面不得站人，卸土堆应离开坑边一定距离，以防造成坑壁塌方。

3. 土方的填筑

（1）填筑工程施工的一般要求见表2-8。

表2-8　填筑工程施工的一般要求

项　目	内　容
土料要求	填方土料应符合设计要求，保证填方的强度和稳定性，如设计无要求，则应符合下列规定 （1）碎石类土、砂土和爆破石渣可用作表层以下的填料，碎石类土和爆破石渣作填料时，其最大粒径不得超过每层铺填厚度的2/3 （2）含水量符合压实要求的黏性土，可作各层填料 （3）碎块草皮和有机质含量大于8%的土，不用作填料 （4）淤泥和淤泥质土，一般不能用作填料，但在软土或沼泽地区，经过处理含水量符合压实要求的，可用于填方中的次要部位 （5）含盐量符合规定（硫酸盐含量小于5%）的盐渍土，一般可用作填料，但土中不得含有盐晶、盐块或含盐植物根茎
基底处理	（1）场地回填应先清除基底上草皮、树根、坑穴中积水、淤泥和杂物，并应采取措施防止地表滞水流入填方区，浸泡地基，造成基土下陷 （2）当填方基底为耕植土或松土时，应将基底充分夯实或碾压密实 （3）当填方位于水田、沟渠、池塘或含水量很大的松软土地段，应根据具体情况采取排水疏干，或将淤泥全部挖出换土、抛填片石、填砂砾石、翻松掺石灰等措施进行处理 （4）当填土场地地面陡于1/5时，应先将斜坡挖成阶梯形，阶高0.2～0.3m，阶宽大于1m，然后分层填土，以利于接合和防止滑动
填土含水量	（1）填土含水量的大小，直接影响到夯实（碾压）质量，在夯实（碾压）前应先试验，以得到符合密实度要求条件下的最优含水量和最少夯实（或碾压）遍数。各种土的最优含水量和最大密实度参考数值见表2-9 （2）遇到黏性土或排水不良的砂土时，其最优含水量与相应的最大干密度，应用击实试验测定 （3）土料含水量一般以手握成团、落地开花为宜。当含水量过大，应采取翻松、晾干、风干、换土回填、掺入干土或其他吸水性材料等措施；如土料过干，则应预先洒水润湿，也可采取增加压实遍数或使用大功能压实机械等措施 （4）在气候干燥时，须采取加速挖土、运土、平土和碾压过程，以减少土的水分散失

表 2-9　土的最优含水量和最大干密度参考数值

序号	土的种类	变动范围		序号	土的种类	变动范围	
		最优含水量（%）（质量比）	最大干密度/(t/m^3)			最优含水量（%）（质量比）	最大干密度/(t/m^3)
1	砂土	8～12	1.80～1.88	3	粉质黏土	12～15	1.85～1.95
2	黏土	19～23	1.58～1.70	4	粉土	16～22	1.61～1.80

注：1. 表中土的最大干密度应以现场实际达到的数字为准。
2. 一般性的回填，可不作此项测定。

（2）填筑要点。

1）一般的土石方填埋，都应采取分层填筑方式，一层一层地填，不要为图方便而采取沿着斜坡向外逐渐倾倒的方式，如图 2-12 所示。分层填筑时，在要求质量较高的填方中，每层的厚度应为 30cm 以下，而在一般的填方中，每层的厚度可为 30～60cm。填土过程中，最好能够填一层就压实一层，层层压实。

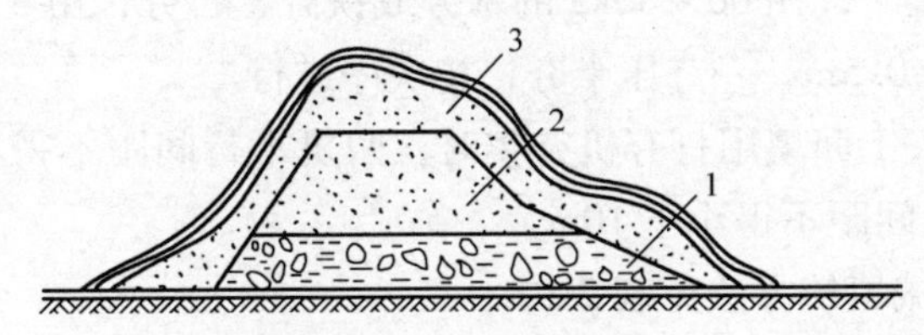

图 2-12　土方分层填实

1—先填土石、碴块　2—再填原底层土　3—最后填表层土

2）在自然斜坡上填土时，要注意防止新填土方沿着坡面滑落。为了增加新填土方与斜坡的咬合性，可先把斜坡挖成阶梯状，然后再填入土方。这样，只要在填方过程中做到了层层压实，便可保证新填土方的稳定，如图 2-13 所示。

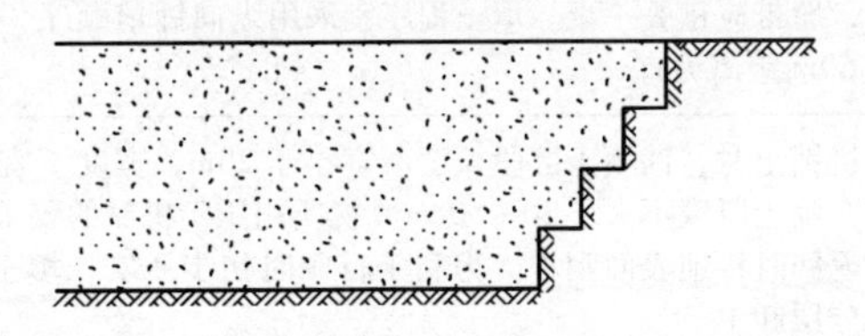

图 2-13　斜坡填土法

（3）填筑顺序。

1）先填石方，后填土方。土、石混合填方时，或施工现场有需要处理的建筑渣土而填方区又比较深时，应先将石块、渣土或粗粒废土填在底层，并紧紧地压实；然后再将壤土或细土在上层填实。

2）先填底土，后填表层土。在挖方中挖出的原地面表层土，应暂时堆在一旁，而要将挖出的底土先填入到填方区底层；待底土填好后，再将肥沃表层土回填到填方区作面层。

3）先填近处，后填远处。近处的填方区应先填，待近处填好后再逐渐填向远处。但每填一处，还是要分层填实。

（4）填筑的方法。

1）机械填筑法。

① 用手推车送土，用铁锹、耙、锄等工具进行人工回填土。

② 从场地最低部分开始，由一端向另一端自下而上分层铺填。每层虚铺厚度：用人工木夯夯实时，砂质土不大于30cm，黏性土不大于20cm；用打夯机械夯实时不大于30cm。

③ 深浅坑相连时，应先填深坑，与浅坑相平后全面分层夯填。如采取分段填筑，交接处应填成阶梯形。墙基及管道回填为防止墙基及管道中心线移位，应在两侧用细土同时均匀回填夯实。

④ 人工夯填土时，用60～80kg的木夯或铁夯、石夯，由4～8人拉绳，2人扶夯，举高不小于0.5m，一夯压半夯，按次序进行。

⑤ 较大面积人工回填用打夯机夯实时，两机平行间距不得小于3m，在同一夯打路线上的前后间距不得小于10m。

2）土方的机械填筑方法见表2-10。

表2-10　土方的机械填筑方法

方　法	内　　容
推土机填土	填土应由下而上分层铺填，每层虚铺厚度不宜大于30cm。大坡度堆填土不得居高临下，不分层次，一次堆填。为减少运土漏失量，推土机运土回填可采取分堆集中、一次运送的方法，分段距离为10～15m，土方推至填方部位时，应提起一次铲刀，成堆卸土，并向前行驶0.5～1.0m，利用推土机后退时将土刮平。用推土机来回行驶进行碾压，履带应重叠一半。填土程序宜采用纵向铺填顺序，从挖土区段至填土区段，以40～60m距离为宜
铲运机填土	铲运机铺土时，铺填土区段长度不宜小于20m，宽度不宜小于8m。铺土应分层进行，每次铺土厚度不大于30～50cm（视所用压实机械的要求而定），每层铺土后，利用空车返回时将地表面刮平。为利于行驶时初步压实，填土程序一般尽量采取横向或纵向分层卸土
汽车填土	自卸汽车为成堆卸土，应配以推土机推土、摊平。每层的铺土厚度不大于30～50cm。填土可利用汽车行驶做部分压实工作，行车路线必须均匀分布在填土层上。汽车不得在虚土上行驶，卸土推平和压实工作必须采取分段交叉进行

4. 土方的压实

（1）一般要求。

1）土方的压实工作应先从边缘开始，逐渐向中间推进。这样碾压，可以避

免边缘土被向外挤压而引起坍落现象。

2）填方时必须分层堆填、分层碾压夯实。不要一次性地填到设计土面高度后，才进行碾压打夯。如果是这样，就会造成填方地面上紧下松，沉降和塌陷严重的后果。

3）碾压、打夯要注意均匀，要使填方区各处土壤密度一致，避免以后出现不均匀沉降。

4）在夯实松土时，打夯动作应先轻后重。先轻打一遍，使土中细粉受震落下，填满下层土粒间的空隙；然后再加重打压，夯实土壤。

（2）压实方法。

1）人工夯实方法。

① 人力打夯前应将填土初步整平，打夯要按一定方向进行，一夯压半夯，夯夯相接，行行相连，两遍纵横交叉，分层打夯。夯实基槽及地坪时，行夯路线应由四边开始，然后再夯向中间。

② 用蛙式打夯机等小型机具夯实时，一般填土厚度不宜大于25cm，打夯之前对填土应初步平整，打夯机依次夯打，均匀分布，不留间隙。

③ 基坑（槽）回填应在相对的两侧或四周同时进行回填与夯实。

④ 回填管沟时，应用人工先在管道周围填土夯实，并应从管道两边同时进行，直至管顶0.5m以上。在不损坏管道的情况下，方可采用机械填土回填夯实。

2）机械压实方法。

① 为提高碾压效率，保证填土压实的均匀性及密实度，避免碾轮下陷，在机械碾压之前，宜先用轻型推土机、拖拉机推平，低速预压4～5遍，使表面平实；采用振动平碾压实爆破石渣或碎石类土，应先静压，而后振压。

② 机械压实填方时，应控制行驶速度，平碾、振动碾碾压时速度不超过2km/h，羊足碾碾压时速度不超过3km/h，并要控制压实遍数。碾压机械与基础或管道应保持一定的距离，防止将基础或管道压坏或使之发生位移。

③ 用压路机进行填方压实，应采用“薄填、慢驶、多次”的方法，填土厚度不应超过25～30cm；碾压方向应从两边逐渐压向中间，碾轮每次重叠宽度15～25cm，避免漏压。运行中碾轮边距填方边缘应大于500mm，以防发生溜坡倾倒。边角、边坡、边缘压实不到之处，应辅以人力夯或小型夯实机具夯实。压实密实度，除另有规定外，应压至轮子下沉量不超过1～2cm为度。

④ 平碾碾压一层完后，应用人工或推土机将表面拉毛以利于接合。土层表面太干时，应洒水湿润后，继续回填，以保证上、下层接合良好。

⑤ 用羊足碾碾压时，填土厚度不宜大于50cm，碾压方向应从填土区的两侧

逐渐压向中心。每次碾压应有10~20cm重叠，同时随时清除黏着羊足之间的土料。为提高上部土层密实度，羊足碾压过后，宜辅以拖式平碾或压路机补充压平压实。

⑥用铲运机及运土工具进行压实，铲运机及运土工具的移动须均匀分布在填筑层的全面，逐次卸土碾压。

（3）铺土厚度和压实遍数。填土每层铺土厚度和压实遍数视土的性质、设计要求的压实系数和使用的压（夯）实机具性能而定，一般应进行现场碾（夯）压试验确定。压实机械和工具每层铺土厚度与所需的碾压（夯实）遍数的参考数值见表2-11。利用运土工具的行驶来压实时，每层铺土厚度不得超过表2-12规定的数值。

表2-11　填方每层铺土厚度和每层压实遍数

压实机具	每层铺土厚度/mm	每层压实遍数/遍
平碾	200~300	6~8
羊足碾	200~350	8~16
蛙式打夯机	200~250	3~4
振动碾	60~130	6~8
振动压路机	120~150	10
推土机	200~300	6~8
拖拉机	200~300	8~16
人工打夯	不大于200	3~4

注：人工打夯时土块粒径不应大于5cm。

表2-12　利用运土工具压实填方时，每层填土的最大厚度　（单位：m）

序号	填土方法和采用的运土工具	土的名称		
		粉质黏土和黏土	粉土	砂土
1	拖拉机拖车和其他填土方法并用机械平土	0.7	1.0	1.5
2	汽车和轮式铲运机	0.5	0.8	1.2
3	人推小车和马车运土	0.3	0.6	1.0

注：平整场地和公路的填方，每层填土的厚度，当用火车运土时不得大于1m，当用汽车和铲运机运土时不得大于0.7m。

【高手必懂知识】土石方放坡处理

1. 挖方边坡

挖方工程的放坡做法见表2-13和表2-14，岩石边坡的坡度允许值（高宽比）

受石质类别、石质风化程度以及坡面高度三方面因素的影响见表2-15。

表2-13　不同的土质自然放坡坡度允许值

土质类别	密实度或黏性土状态	坡度允许值（高宽比）	
		坡高在5m以内	坡高5～10m
碎石类土	密实 中密实 稍密实	1:0.35～1:0.50 1:0.50～1:0.75 1:0.75～1:1.00	1:0.50～1:0.75 1:0.75～1:1.00 1:1.00～1:1.25
老黏性土	坚硬 硬塑	1:0.35～1:0.50 1:0.50～1:0.75	1:0.50～1:0.75 1:0.75～1:1.00
一般黏性土	坚硬 硬塑	1:0.75～1:1.00 1:1.00～1:1.25	1:1.00～1:1.25 1:1.25～1:1.50

表2-14　一般土壤自然放坡坡度允许值

序　号	土 壤 类 别	坡度允许值（高宽比）
1	黏土、粉质黏土、亚砂土、砂土（不包括细砂、粉砂），深度不超过3m	1:1.00～1:1.25
2	土质同上，深度3～12m	1:1.25～1:1.50
3	干燥黄土、类黄土，深度不超过5m	1:1.00～1:1.25

表2-15　岩石边坡坡度允许值

石 质 类 别	风 化 程 度	坡度允许值（高宽比）	
		坡高在8m以内	坡高8～15m
硬质岩石	微风化 中等风化 强风化	1:0.10～1:0.20 1:0.20～1:0.35 1:0.35～1:0.50	1:0.20～1:0.35 1:0.35～1:0.50 1:0.50～1:0.75
软质岩石	微风化 中等风化 强风化	1:0.35～1:0.50 1:0.50～1:0.75 1:0.75～1:1.00	1:0.50～1:0.75 1:0.75～1:1.00 1:1.00～1:1.25

2. 填方边坡

（1）填方的边坡坡度应根据填方高度、土的种类和其重要性在设计中加以规定。当设计无规定时，可按表2-16实施。用黄土或类黄土填筑重要的填方时，其边坡坡度可按表2-17实施。

表 2-16 永久性填方边坡的高度限值

序号	土的种类	填方高度/m	边坡坡度
1	黏土类土、黄土、类黄土	6	1:1.50
2	粉质黏土、泥灰岩土	6~7	1:1.50
3	中砂或粗砂	10	1:1.50
4	砾石和碎石土	10~12	1:1.50
5	易风化的岩土	12	1:1.50
6	轻微风化，尺寸25cm内的石料	6以内 6~12	1:1.33 1:1.50
7	轻微风化、尺寸大于25cm的石料，边坡用最大石块分排整齐铺砌	12以内	1:1.50~1:0.75
8	轻微风化、尺寸大于40cm的石料，其边坡分排整齐	5以内 5~10 >10	1:0.50 1:0.65 1:1.00

表 2-17 黄土或类黄土填筑重要填方的边坡坡度

填土高度/m	自地面起高度/m	边坡坡度
6~9	0~3 3~9	1:1.75 1:1.50
9~12	0~3 3~6 6~12	1:2.00 1:1.75 1:1.50

注：1. 当填方高度超过本表规定限值时，其边坡可做成折线形，填方下部的边坡坡度应为1:2.00~1:1.75。

2. 凡永久性填方，土的种类未列入本表者，其边坡坡度不得大于$(\varphi+45°)/2$，φ为土的自然倾斜角。

（2）利用填土做地基时，填方的压实系数、边坡坡度应符合表2-18的规定。其承载力根据试验确定，当无试验数据时，可按表2-18实施。

表 2-18 填土地基承载力和边坡坡度值

填土类别	压实系数 λ_e	承载力 f_k/kPa	边坡坡度允许值（高宽比）	
			坡度在8m以内	坡度8~15m
碎石、卵石	0.94~0.97	200~300	1:1.50~1:1.25	1:1.75~1:1.50
砂夹石（其中碎石、卵石占全重30%~50%）	—	200~250	1:1.50~1:1.25	1:1.75~1:1.50
土夹石（其中碎石、卵石占全重30%~50%）	—	150~200	1:1.50~1:1.25	1:2.00~1:1.50
黏性土（$10<I_p<14$）	—	130~180	1:1.75~1:1.50	1:2.25~1:1.75

注：I_p——塑性指数。

【高手必懂知识】土方施工的特殊情况

1. 土方雨期施工

大面积土方工程施工，应尽量在雨期前完成。如要在雨期时施工，则必须要掌握当地的气象变化，从施工方法上采取积极措施。

（1）雨期施工前要做好必要的准备工作。雨期施工中特别重要的问题是要保证挖方、填方及弃土区排水系统的完整和通畅，并在雨期前修成，对运输道路要加固路基，提高路拱，路基两侧要修好排水沟，以利泄水；路面要加铺炉渣或其他防滑材料；要有足够的抽水设备。

（2）在施工组织与施工方法上，可采取集中力量、分段突击的施工方法，做到随挖随填，保证填土质量。也可采取晴天做低处、雨天做高处，在挖土到距离设计标高 20～30cm 时，预留垫层或基础施工前临时再挖。

2. 土方冬期施工

冬期土壤冻结后，要进行土方施工是很困难的，因此要尽量避免冬期施工。但为了争取施工时间，加快建设速度，仍有必要采用冬期施工。冬期开挖土方通常采用下面措施。

（1）防止土壤冻结。其方法是在土壤表面覆盖防寒保温层，使其与外界低温隔离，免遭冻结。具体方法又可以分为以下四种。

1）机械开挖。冻土层在 25cm 以内的土壤可用 0.5～1.0m^3 单斗挖土机直接施工，或用大型推土机和铲运机等综合施工。

2）松碎法。可分人工与机械两种。人工松碎法适用于冻层较薄的砂质土壤、砂黏土及植物性土壤等，在较松的土壤中采用撬棍，比较坚实的土壤用钢锥。在施工时，松土应与挖运密切配合，当天松破的冻土应当天挖运完毕，以免再遭受冻结。

3）爆破法。适用于松解冻结厚度在 0.5m 以上的冻土。此法施工简便，工作效率高。

4）解冻法。方法很多，常用的方法有热水法、蒸汽法和电热法等。

（2）冬期施工的运输与填筑。冬期土方运输应尽可能缩短装运与卸车时间，运输道路上的冰雪应加以清除，并按需要在道路上加垫防滑材料，车轮可装设防滑链，在土壤运输时需加覆盖保温材料以免冻结。为了保证冬季回填土不受冻结或少受冻结，可在挖土时将未冻土堆在一处，就地覆盖保湿，或在冬季前预存部分土壤，加以保温，以备回填之用。冬季回填土壤，除应遵守一般土壤填筑规定外，还应特别注意土壤中的冻土含量问题，除房屋内部及管沟顶部以上 0.5m 以内不得用冻土回填外，其他工程允许冻土的含量应视工程情况而定，一般不得超过15%～30%。在回填土时，填土上的冰雪应加以清除，对大于15cm厚的冻土应予以击碎，再分层回填，碾压密实，并预留下沉高度。

3. 滑坡与塌方的处理措施

（1）加强工程地质勘察。对拟建场地（包括边坡）的稳定性进行认真分析和评价；工程和路线一定要选在边坡稳定的地段，对具备滑坡形成条件的或存在古老滑坡的地段一般不选作建筑场地或采取必要的措施加以预防。

（2）做好泄洪系统。在滑坡范围外设置多道环行截水沟，以拦截附近的地表水。在滑坡区，修设或疏通原排水系统，疏导地表、地下水，防止渗入滑体。主排水沟宜与滑坡滑动方向一致，与支排水沟与滑坡方向成30°～45°角斜交，防止冲刷坡脚。处理好滑坡区域附近的生活及生产用水，防止浸入滑坡地段。如果因地下水活动有可能形成浅层滑坡时，可设置支撑盲沟、渗水沟，排除地下水。盲沟应布置在平行于滑坡坡动方向有地下水露头处，做好植被工程。

（3）保持边坡坡度。保持边坡有足够的坡度，避免随意切割坡脚。土体尽量削成较平缓的坡度，或做成台阶状，使中间有1～2个平台，以增加稳定；土质不同时，视情况削成2～3种坡度。在坡脚处有弃土条件时，将土石方填至坡脚，使其起反压作用。筑挡土堆或修筑台地，避免在滑坡地段切去坡脚或深挖方。如平整场地必须切割坡脚，且不设挡土墙时，应按切割深度。将坡脚随原自然坡度由上而下削坡，逐渐挖至所要求的坡脚深度。

（4）避免坡脚取土。尽量避免在坡脚处取土，在坡肩上设置弃土或建筑物。在斜坡地段挖方时，应遵守由上而下分层的开挖程序。在斜坡上填土时，应遵守由下往上分层填压的施工程序，避免在斜坡上集中弃土，同时避免对滑坡坡体的各种振动作用。对可能出现的浅层滑坡，如滑坡土方最好将坡体全部挖除；如土方量较大，不能全部挖除，且表层土破碎含有滑坡夹层时，可对滑坡体采取深翻、推压、打乱滑坡夹层、表层压实等措施，减少滑坡因素。

（5）防滑技术措施。对于滑坡体的主滑地段可采取挖方卸荷，拆除已有建筑物或整平后铺垫强化筛网等减重辅助措施。滑坡面土质松散或具有大量裂缝时，应进行填平、夯填，防止地表水下渗；在滑坡面植树、种草皮、铺浆砌片石等保护坡面。倾斜表有倾斜岩层，将基础设置在基岩上用锚栓锚固或做成阶梯形或采用灌注桩基减轻土体负担。

（6）已滑坡工程处理。对已滑坡工程，稳定后采取设置混凝土锚固桩、挡土墙、抗滑明洞、抗滑锚杆或混凝土墩与挡土墙相结合的方法加固坡脚，并在下段做截水沟、排水沟，陡坝部分采取去土减重，保持适当坡度。

【高手必懂知识】挡土墙的设计与施工

1. 挡土墙的形式

由自然土体形成的陡坡超过所容许的极限坡度时，土体的稳定遭到破坏而产生滑坡和塌方，天然山体甚至会产生泥石流。如果在土坡外侧修建人工墙体便可维持稳定。这种用以支持并防止土坡倾坍的工程结构体称为挡土墙。园林中通常采用重力式挡土墙，即借助于墙体的自重来维持土坡的稳定。常见的断面形式有以下三种。

（1）直立式挡土墙。墙面基本与水平面垂直，但也允许有（10∶0.2）~（10∶1）的倾斜度的挡土墙。直立式挡土墙由于墙所承受的水平压力大，只宜用于几十厘米到两米左右高度的挡墙。

（2）倾斜式挡土墙。它常指墙背向土体倾斜，倾斜坡度20°左右的挡土墙。这样使水平压力相对减少，同时墙背坡度与天然土层比较密贴，可以减少挖方数量和墙背回填土的数量。适用于中等高度的挡土墙。

（3）台阶式挡土墙。对于更高的挡土墙，为了适应不同土层深度土压力和利用土的垂直压力增加稳定性，可将墙背做成台阶形。

2. 挡土墙横断面尺寸的决定

挡土墙横断面的结构尺寸根据墙高来确定墙的顶宽和底宽。压顶石和趾墙还需另行酌定。实际工作中，较高的挡土墙必须经过结构工程师专门计算，保证稳定，才能施工。

3. 挡土墙排水处理技术

挡土墙后土坡的排水处理对于维持挡土墙的正常使用有重大影响，特别是雨量充沛和冻土地区。挡土墙排水处理技术见表2-19。

表2-19　挡土墙排水处理技术

措　　施	内　　　　容
墙后土坡排水、截水明沟、地下排水网	在大片山林、游人比较稀少的地带，根据不同地形和汇水量，设置一道或数道平行于挡土墙明沟，利用明沟纵坡将降水和上坡地面径流排除，减少墙后地面渗水。必要时还需设纵、横向盲沟，力求尽快排除地面水和地下水，如图2-14所示
地面封闭处理	在墙后地面上根据各种填土及使用情况采用不同地面封闭处理以减少地面渗水。在土壤渗透性较大而又无特殊使用要求时，可做20~30cm厚夯实黏土层或种植草皮封闭，还可采用胶泥、混凝土或浆砌毛石封闭

（续）

措　施	内　容
泄水孔	泄水孔墙身水平方向每隔 2～4m 设一孔，竖向每隔 1～2m 设一行。每层泄水孔交错设置。泄水孔尺寸在石砌墙中宽度为 2～4cm，高度为 10～20cm。混凝土墙可留直径为 5～10cm 的圆孔或用毛竹筒排水。干砌石墙可不专设墙身泄水孔
暗沟	有的挡土墙基于美观要求不允许设墙面排水时，除在墙背面刷防水砂浆或填一层不小于 50cm 厚黏土隔水层外，还需设毛石盲沟，并设置平行于挡土墙的暗沟，如图 2-15 所示，引导墙后积水，包括成股的地下水及盲沟集中之水与暗管相接。园林中室内挡土墙也可这样处理，或者破壁组成叠泉造水景

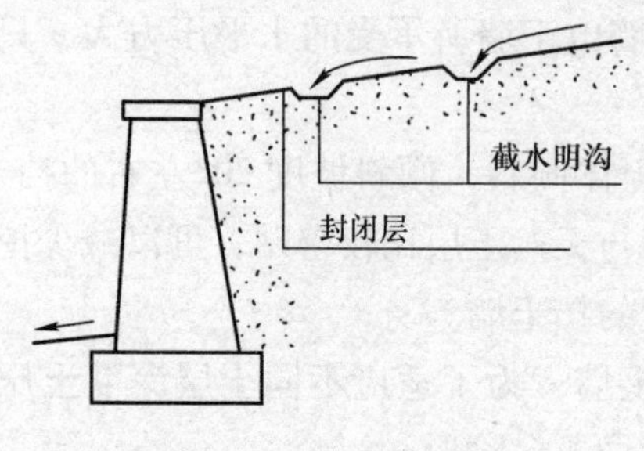

图 2-14　墙后土坡排水

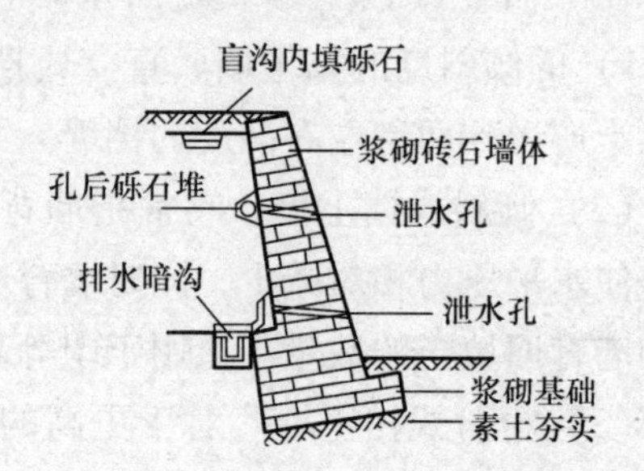

图 2-15　墙背排水盲沟和暗沟

在土壤或已风化的岩层侧面的室外挡土墙时，地面应做散水和明、暗沟管排水，必要时做灰土或混凝土隔水层，以免地面水浸入地基而影响稳定。明沟距墙底水平距离不小于 1m。

利用稳定岩层做护壁处理时，根据岩石情况，应用水泥砂浆或混凝土进行防水处理和保持相互间有较好的衔接。如岩层有裂缝，则用水泥砂浆嵌缝封闭。当岩层有较大渗水外流时应特别注意引流而不宜做封闭处理，此时正是做天然壁泉的好条件。在地下水多、地基软弱的情况下，可用毛石或碎石做过水层地基以加强地基排除积水。

第三章

园林给水排水工程

第一节 园林给水工程

【新手必懂知识】园林给水方式

根据给水性质和给水系统构成的不同，可将园林给水分成三种方式，具体内容见表3-1。

表3-1 园林给水方式

方式	内容
引用式	园林给水系统如果直接到城市给水管网系统上取水，就是直接引用式给水。采用这种给水方式，其给水系统的构成比较简单，只需设置园内管网、水塔、清水蓄水池即可。引水的接入点可视园林绿地具体情况及城市给水干管从附近经过的情况而决定，可以集中一点接入，也可以分散由几点接入
自给式	野外风景区或郊区的园林绿地中，如果没有直接取用城市给水水源的条件，可考虑就近取用地下水或地表水。以地下水为水源时，因水质一般比较好，往往不用净化处理就可以直接使用，因而其给水工程的构成就要简单一些。一般可以只设水井（或管井）、泵房、消毒清水池、输配水管道等。如果是采用地表作水源，其给水系统的构成就要复杂一些，从取水到用水过程中所需布置的设施顺序是：取水口、集水井、一级泵房、加矾间与混凝池、沉淀池及其排泥阀门、滤池、清水池、输水管网、水塔或高位水池等
兼用式	在既有城市给水条件又有地下水、地表水可供采用的地方，接上城市给水系统，作为园林生活用水或游泳池等对水质要求较高的项目用水水源；而园林生产用水、造景用水等，则另设一个以地下水或地表水为水源的独立给水系统 在地形高差显著的园林绿地，可考虑分区给水方式。分区给水就是将整个给水系统分成几区，不同区的管道中水压不同，区与区之间可适当的联系以保证供水可靠和调度灵活

【新手必懂知识】园林水管网的布置技术

1. 给水管网的审核

在布置园林给水管网之前，首先要到园林现场进行核对与设计有关的技术资料，包括公园平面图、竖向设计图、园内及附近地区的水文地质资料、附近地区

城市给水排水管网的分布资料、周围地区给水远景规划和建设单位对园林各用水点的具体要求等，尽可能全面地审核与设计相关的现状资料。

园林给水管网核对时，首先应该确定水源及给水方式。确定水源的接入点，一般情况下，中小型公园用水可由城市给水系统的某一点引入；但对较大型的公园或狭长形状的公园用地，由一点引入则不够经济，可根据具体条件采用多点引入。采用独立给水系统的，则不考虑从城市给水管道接入水源。对园林内所有用水点的用水量进行计算，并算出总用水量，确定给水管网的布置形式、主干管道的布置位置和各用水点的管道引入。根据已算出的总用水量，进行管网的水力学计算，按照计算结果选用管径合适的水管，最后布置成完整的管网系统。

2. 园林用水量核算

核算园林总用水量，先要根据各种用水情况下的用水量标准算出园林最高日用水量和最大时用水量，并确定相应的日变化系数和时变化系数；所有用水点的最高日用水量之和就是园林总用水量，而各用水点的最大时用水量之和则是园林的最大总用水量。给水管网系统的设计，就是按最高日、最高时用水量确定的，最高日、最高时用水量就是给水管网的设计流量。

3. 园林水管网的布置要求

（1）按照规划平面图布置管网，布置时应考虑给水系统分期建设的可能，并留有充分发展的余地。

（2）管网布置必须保证供水安全可靠，当局部管网发生事故时，断水范围应降低到最小。

（3）管线遍布在整个给水区内，以保证用户有足够的水量和水压。

（4）为降低管网造价和供水能量费用，力求以最短距离敷设管线。

4. 园林水管网的布置形式

给水管网的基本布置形式有树枝式管网和环状管网两种。

（1）树枝式管网。树枝式管网是以一条或少数几条主干管为骨干，从主管上分出许多配水支管连接各用水点。在一定范围内，采用树枝形管网形式的管道总长度比较短，一般适用于用水点较分散的地区，对分期发展的园林有利。但由于管网中任一段管线损坏时，在该管段以后的所有管线就会断水，因此树枝式管网供水可靠性较差。一旦管网出现问题或需维修时，影响用水面较大。树枝式管网布置，如图 3-1a 所示。

（2）环状管网。环状网是把供水管网闭合成环，使管网供水能互相调剂。当管网中某一段管线损坏时，可以关闭附近的阀门使损坏管线和其余管线隔开，然后进行检修，水还可从另外管线供应用户，不致影响供水从而供水可靠性增加。这种方式浪费管材，投资较大。环状管网布置，如图 3-1b 所示。

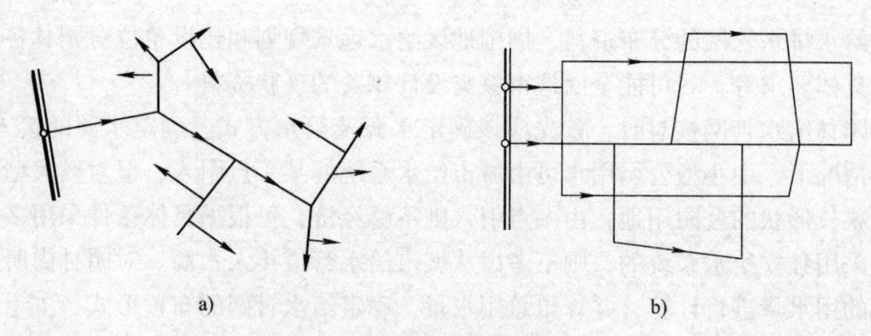

图3-1 给水管网布置的基本形式

a）树枝式管网 b）环状管网

【新手必懂知识】园林管网布置技术规定

1. 管道埋深

冰冻地区，管道应埋设在冰冻线以下40cm处，不冻或轻冻地区，覆土深度不小于70cm。干管管道不宜埋得过深，否则工程造价高；也不宜过浅，否则管道易损坏。

2. 阀门及消防栓

给水管网的交点叫做节点，在节点上设有阀门等附件。为了检修管理方便，节点处应设阀门井。阀门除安装在支管和平管的连接处外，还应每500m直线距离设一个阀门井，以便于检修养护。

配水管上要安装消火栓，按规定其间距通常为12m，且其位置距建筑物不得少于5m，为了便于消防车补给水，离车行道不大于2m。

3. 管道材料的选择

给水管有镀锌钢管、PVC塑料管等，大型排水渠道有砖砌、石砌及预制混凝土装配式等。

【新手必懂知识】给水管网布置计算

1. 园林用水量特点

进行管网布置应求出各点的用水量，管网根据各个用水点的需求量供水。不同的点，水的用途也不同，其用水量标准也各异。公园中各用水点的用水量就是根据或参照这些用水量标准计算出来的。所以用水量标准是给水工程设计时的一项基本数据。用水量标准是国家根据各地区城镇的性质、生活水平和习惯、气候、房屋设备及生产性质等不同情况而制订的。我国地域辽阔，因此各地的用水

量标准也不尽相同。现将与园林有关的项目列表，见表3-2。

表3-2 用水量标准及小时变化系数

建筑物名称	单 位	生活用水量标准最高日/L	小时变化系数	备 注
公共食堂 营业食堂	每一顾客每次	15~20	2.0~1.5	1）食堂用水包括主副食加工，餐具洗涤清洁用水和工作人员及顾客的生活用水，但未包括冷冻机冷却用水 2）营业食堂用水比内部食堂多、中餐餐厅又多于西餐餐厅 3）餐具洗涤方式是影响用水量标准的重要因素，以设有洗碗机的用水量大 4）内部食堂设计人数即为实际服务人数；营业食堂按座位数，每一顾客就餐时间及营业时间计算顾客人数
内部食堂	每人每次	10~15	2.0~1.5	
茶 室	每一顾客每次	5~10	2.0~1.5	
小 卖	每一顾客每次	3~5	2.0~1.5	
电影院	每一观众每场	3~8	2.5~2.0	1）附设有厕所和饮水设备的露天或室内文娱活动的场所，都可以按电影院或剧场的用水量标准选用 2）俱乐部，音乐厅和杂技场可按剧场标准，影剧院用水量标准，介于电影院与剧场之间
剧 场	每一观众每场	10~20	2.5~2.0	
体育场 运动员淋浴	每人每次	50	2.0	1）体育场的生活用水用于运动员淋浴部分系考虑运动员在运动场进行1次比赛或表演活动后需淋浴1次 2）运动员人数应按假日或大规模活动时的运动员人数计
观 众	每人每次	3	2.0	
游泳池 游泳池补充水	每日占水池容积	15%		当游泳池为完全循环处理（过滤消毒）时，补充水量可按每日水池容积5%考虑
运动员淋浴	每人每场	60	2.0	
观 众	每人每场	3	2.0	
办 公 楼	每人每班	10~25	2.5~2.0	1）企业事业、科研单位的办公及行政管理用房均属此项 2）用水只包括便溺冲洗、洗手、饮用和清洁用水
公共厕所	每小时每冲洗器	100		
喷泉* 大型	每小时	≥10000		大中型喷水池通常应考虑循环用水
喷泉* 中型	每小时	2000		

（续）

建筑物名称		单 位	生活用水量标准最高日/L	小时变化系数	备 注
洒地用水量	柏油路面	每次每平方米	0.2~0.5		≤3 次/日
	石子路面	每次每平方米	0.4~0.7		≤4 次/日
	庭园及草地	每次每平方米	1.0~1.5		≤2 次/日

注：有＊者为国外资料，茶室、小卖用水量只是据一些公园的使用情况做的统计，不是国家标准，仅供参考。

2. 日变化系数和时变化系数

公园的用水量在任何时间里都不是固定不变的。在一天中游人数量随着公园的开放和关闭在变化着；在一年中又随季节的冷暖而变化。另外不同的生活方式对用水量也有影响。一年中用水最多的一天的用水量称为最高日用水量。最高日用水量对平均日用水量的比值，叫日变化系数。

$$\text{日变化系数 } K_d = \frac{\text{最高日用水量}}{\text{平均日用水量}}$$

日变化系数 K_d 的值，在城镇一般取1.2~2.0，在农村由于用水时间很集中，数值偏高，一般取1.5~3.0。

最高日那天中用水最多的一小时叫做最高时用水量，最高时用水量对平均时用水量的比值称为时变化系数。

$$\text{时变化系数 } K_h = \frac{\text{最高时用水量}}{\text{平均时用水量}}$$

时变化系数 K_h 的值在城镇通常取1.3~2.5，在农村则取5~6。

公园中的各种活动、饮食、服务设施及各种养护工作、造景设施的运转基本上集中在白天进行。在没有统一规定之前，建议 K_d 取2~3、K_h 取4~6。

将平均时用水量乘以日变化系数 K_d 和时变化系数 K_h，即可求得最高日最高时用水量。设计管网时必须用这个用水量，这样在用水高峰时，才能保证水的正常供应。

3. 沿线流量、节点流量和管段计算流量

进行给水管网的水力计算，要先求得各管段的沿线流量和节点流量，在此基

础上进一步求得各管段的计算流量，根据计算流量确定相应的管径。

（1）沿线流量。在城市给水管网中，干管沿线接出支管（配水管），而支管的沿线又接出许多接户管将水送到各用户去。由于各接户管之间的间距、用水量都不相同，所以配水的实际情况是很复杂的。沿程既有用水量大的单位如工厂、学校等，也有数量很多、用水量小的零散居民户。对干管来说，大用水户是集中泄流，称为集中流量 Q_n；而零散居民户的用水则称为沿程流量 q_n，为了便于计算，可以将繁杂的沿程流量简化为均匀的途泄流，从而计算每米长管线长度所承担的配水流量，称为长度比流量 q_s。q_s 计算方法如下：

$$q_s = \frac{Q - \sum Q_n}{\sum L} \qquad (\mathrm{L/s \cdot m})$$

式中　q_s——长度比流量（L/s · m）；

Q——管网供水总流量（L/s）；

$\sum Q_n$——大用水户集中流量总和（L/s）；

$\sum L$——配水管网干管总长度（m）。

（2）节点流量和管段计算流量。流量的计算方法是把不均匀的配水情况简化为便于计算的均匀配水流量。但由于管段流量沿程变化是朝水流方向逐渐减少的，所以不便于确定管段的管径和进行水头损失计算，故须进一步简化，即将管段的均匀沿线流量简化成两个相等的集中流量，这种集中流量集中在计算管段的始、末端输出，称为节点流量。

管段总流量包含简化的节点流量和经该管段转输给下一管段的流量。管段的计算流量 Q 可用下式表达：

$$Q = Q_t + \frac{1}{2} Q_L$$

式中　Q——管段计算流量（L/s）；

Q_t——管段转输流量（L/s）；

Q_L——管段沿线流量（L/s）。

上式中 Q_L 的计算公式：

$$Q_L = q_s L$$

将沿线流量折半作为管段两端的节点流量。任一节点的流量等于与该节点相连各管段的沿线流量总和的一半。

$$Q_j = \frac{1}{2} \sum Q_L$$

园林中用水如取自城市给水管网，则园中给水干管将是城市给水管网中的一根支管，在这根“干管”上只有为数不多的一些用水量相对较多的用水点，沿线不像城镇给水管网那样有许多居民用水点。在进行管段流量的计算时，园中备用水点的接水管的流量可视为集中流量，而不须计算干管的比流量。

4. 经济流速

流量是指单位时间内水流流过某管道的量，称为管道流量。其单位一般用 L/s 或 m^3/h 表示。其计算公式如下：

$$Q=\omega v$$

式中 Q——流量（L/s 或 m^3/h）；

ω——管道断面积（cm^2 或 m^2）；

v——流速（m/s）。

给水管网中连接各用水点的管段的管径是根据流量和流速来决定的。

$$\omega=\frac{\pi}{4}(D)^2$$

式中 D——管径（mm）；

故

$$D=\sqrt{\frac{4Q}{\pi v}}=1.13\sqrt{\frac{Q}{v}}$$

当 Q 不变，ω 和 v 互相制约，管径 D 越大，管道断面积也越大，流速 v 则越小；反之 v 越大 D 则越小。以同一流量 Q，查水力计算表，可以查出 2 个，甚至 4~5 个管径来，这里就存在一个经济问题，管径大流速小，水头损失小，但管径大投资也大，而管径小，管材投资节省了，但流速加大，水头损失也随之增加。有时甚至造成管道远端水压不足。因此，在选择管段管径时，二者要进行权衡以确定一个较适宜的流速。此外，这一流速还受当地敷管单价和动力价格总费用的制约，这个流速既不浪费管材、增大投资，又不致使水头损失过大。这一流速叫做经济流速。经济流速可按下列经验数值采用：小管径 D_g 为 100~400mm 时，v 取 0.6~1.0m/s；大管径 $D_g>400$mm 时，v 取 1.0~1.4m/s。

5. 水压力和水头损失

在给水管上任意点接上压力表，都可测得一个读数，这数字便是该点的水压力值。管道内的水压力通常以 kg/cm^2 表示。有时为便于计算管道阻力，并对压力有一个较形象的概念，又常以“水柱的高度”表示，水力学上又将水柱的高度称为“水头”。

水在管中流动，水和管壁发生摩擦，克服这些摩擦力而消耗的势能就叫水头损失。水头损失包含沿程水头损失和局部水头损失。

沿程水头损失：

$$h_y = alQ^2$$

式中　h_y——沿程水头损失（mH_2O）；

a——阻力系数（s^2/m^6）；

l——管段长度（m）；

Q——流量（m^3/s）。

阻力系数由试验求得，它与管道材料、管壁粗糙程度、管径、管内流动物质以及温度等因素有关。由于计算公式复杂，在设计计算时，每米或每千米管道的阻力可由铸铁（或其他材料）管水力计算表上查到。在求得某点计算流量后，便可据此查表以确定该管道的管径，在确定管径时，还可查到与该管径和流量相对应的流速和每单位长度的管道阻力值。

【新手必懂知识】管道铺设施工技术

1. 土方工程

（1）测设龙门板。在园林建筑的施工测量中，为了便于恢复轴线和确定某一标高的平面，可在基槽外一定距离钉设龙门板，如图3-2所示。

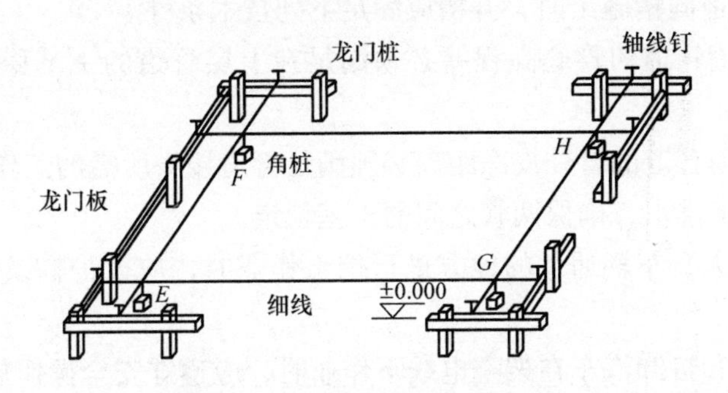

图3-2　龙门桩与龙门板

钉设龙门板的步骤见表3-3。

表3-3　钉设龙门板的步骤

步　骤	内　容
钉龙门桩	在基槽开挖线外1.0～1.5m处钉设龙门桩，钉设龙门桩应根据土质情况和挖槽深度等确定，龙门桩要钉得竖直、牢固，木桩外侧面与基槽平行
测设±0.000标高线	根据建筑场地水准点，用水准仪在龙门桩上测设出建筑物±0.000标高线，但若现场条件不允许，也可测设比±0.000稍高或稍低的某一整分米数的标高线，并标明。龙门桩标高测设的误差一般应不超过±5mm

（续）

步　骤	内　容
钉龙门板	沿龙门桩上 ±0.000 标高线钉龙门板，使龙门板上沿与龙门桩上的 ±0.000 标高对齐。钉完后应对龙门板上沿的标高进行检查，常用的检核方法有仪高法、测设已知高程法等
设置轴线钉	采用经纬仪定线法或顺小线法，将轴线投测到龙门板上沿，并用小钉标定，该小钉称为轴线钉。投测点的容许误差为 ±5mm
检测	用钢尺沿龙门板上沿检查轴线钉间的间距是否符合要求。一般要求轴线间距检测值与设计值的相对精度为 1/5000 ~ 1/2000
设置施工标志	以轴线钉为准，将墙边线、基础边线与基槽开挖边线等标定在龙门板上沿。然后根据基槽开挖边线拉线，用石灰在地面上撒出开挖边线

（2）沟槽开挖。

1）土方工程作业时，应向有关操作人员作详细技术交底，明确施工要求，做到安全施工。

2）两条管道同槽施工时，开槽应满足下列技术条件。

① 两条同槽管道的管底高程差必须满足在上层管道的土基稳定，一般高差不能大于 1m。

② 两条同槽管道的管外皮净距离必须满足管道接头所需的工作量。

③ 加强施工排水，确保两管之间的土基稳定。

3）在有行人、车辆通过的地方进行挖土作业时，应设护栏及警示灯等安全措施。

4）挖掘机和自卸汽车在架空电线下作业时，应遵守安全操作规定。

5）土方施工时，如发现塌方、滑坡及流沙现象，应立即停工，采取相应措施。

6）机械挖土的规定：挖至槽底时，应留不小于 20mm 厚土层进行人工清底，以免扰动基面；挖土应与支撑相互配合，应支撑及时；对地下已建成的各种设施，如影响施工应迁出，如无法移动时，应采取保护措施。

7）沟槽边坡的确定应遵循的原则：明开槽边坡（见表 3-4）；支撑槽的槽帮坡度为 20:1。

8）明开槽槽深超过 2.5m 时，边坡中部应留宽度不小于 1m 的平台，混合槽的明开部分与直槽间也应留宽度不小于 1m 的平台。如在平台上作截流沟，则平台宽度不小于 1.5m，如在平台上打井点，则其宽度应不小于 2m。

表 3-4 明开槽边坡

土壤类别	挖土深度	
	2.5m 以内	2.5~3.5m
砂土	1:1.5	上 1:1.5；下 1:2.0
亚砂土	1:1.25	上 1:1.25；下 1:1.5
粉质黏土	1:1.0	上 1:1；下 1:1.5
黏土	1:0.75	1:1.5

（3）沟槽支撑与拆撑。

1）支撑。沟槽支撑是防止沟槽（基坑）土方倒塌，保证工程顺利进行及人身安全的重要技术措施。支撑结构满足的技术条件：牢固可靠，符合强度和稳定性要求；排水沟槽支撑方式应根据土质、槽深、地下水情况、开挖方法、地面荷载和附近建筑物安全等因素确定，重要工程要进行支撑结构力学计算。

支撑的基本方法可分为横板支撑法、立板支撑法和打桩支撑法。具体见表 3-5。

表 3-5 支撑的基本方法

项目 \ 因素	支撑方式		
	打桩支撑	横板支撑	立板支撑
槽深/m	>4.0	<3.0	3~4
槽宽/m	不限	约 4.0	≤4.0
挖土方式	机挖	人工	人工
有较厚流沙层	宜	差	不准使用
排水方法	强制式	明排	两种自选
近旁有高层建筑物	宜	不准使用	不准使用
离河川水域近	宜	不准使用	不准使用

沟槽支撑应注意如下几点：

① 用槽钢或工字钢配背板作钢板桩的方法施工，镶嵌背板应做到严、紧、牢固。

② 撑杠水平距离不得大于 2.5m，垂直距离为 1.0~1.5m，最后一道杠比基面高出 20cm，下管前替撑应比管顶高出 20cm。

③ 支撑时每块立木必须支两根撑杠，如属临时点撑，立木上端与上面部分的立木应用扒锯钉牢，防止转动脱落。

④ 检查井处应四面支撑，转角处撑板应拼接严密，防止坍塌落土淤塞排水沟。

⑤ 槽内如有横跨、斜穿原有上、下水管道、电缆等地下构筑物时，撑板、撑杠应与原管道外壁保持一定距离，以防沉落损坏原有构筑物。

⑥ 人工挖土利用撑杠搭设倒土板时，必须把倒土板连成一体，牢固可靠。

⑦ 金属撑杠脚插入钢管内，长度不得小于20cm。

⑧ 每日上班时，特别是雨后和流沙地段，应首先检查撑杠紧固情况，如发现弯曲、倾斜、松动时，应立即加固。

⑨ 上下沟槽应设梯子，不许攀登撑杠，避免摔伤人。

⑩ 如采用木质撑杠，支撑时不得用大锤锤击，可用压机或用大号金属撑杠先顶紧，后替入长短适宜（顶紧后再量实际长度）的木撑杠。

⑪ 支撑时如发现因修坡塌方造成的亏坡处，应在贴撑板之前放草袋片一层，待撑杠支牢后，认真填实，深度大者应加夯或用粗砂代填。

⑫ 雨期施工，无地下水的槽内也应设排水沟，如处于流沙层，排水沟底应先铺草袋片一层，然后用排板支撑。

2）土方拆撑。土方拆撑时要保证人身及附近建筑物和各种管线设施等的安全，拆撑后应立即回填沟槽并夯实，严禁大挑撑支撑。

（4）打钢板桩要点。

1）选择打桩机械。选择打桩机械应根据地质情况、打桩量多少、桩的类别与特点、施工工期长短及施工环境条件等因素决定。几种常用桩架见表3-6。

表3-6 几种常用桩架

桩架种类	锤重/t	适合打桩长度/m	桩的种类	说明
简易落锤	0.3~0.8	9	木桩、I 32以下	构造操作简便、拼装运输方便
柴油打桩机	0.6~1.8	14	I 40以下	构造操作简便、拼装运输方便
气动打桩机	3~7	18	I 56、I 40	应有专人操作、拼装运输较繁
静力打桩机	自重88	接桩不限	任意	无噪声、效率高

注：一般锤重是桩重的3倍。

2）打桩常用机具。打桩常用机具应提前做好检修，主要有运桩车、桩帽、锤架、送桩器、调桩机等。为保证桩位正确，应注意：保证桩入土位置正确，可用夹板固定；打钢桩时必须保持钢桩垂直，桩架龙口必须对准桩位。

打桩的安全工作应严格执行安全操作规程的有关规定。

（5）堆土、运土、回填土的施工见表3-7。

表3-7 堆土、运土、回填土的施工

项目	内容
堆土	（1）按照施工总平面布置图上所规定的堆土范围内堆土，严禁占用农田和交通要道，保持施工范围的道路畅通 （2）距离槽边0.8m范围内不准堆土或放置其他材料，坑槽周围不宜堆土 （3）用起重机下管时，可在一侧堆土，另一侧为起重机行驶路线，不得堆土 （4）在高压线和变压器下堆土时，应严格按照电业部门有关规定执行 （5）不得靠建筑物和围墙堆土，堆土下坡脚与建筑物或围墙距离不得小于0.5m，并不得堵塞窗户、门口 （6）堆土高度不宜过高，应保证坑槽的稳定 （7）堆土不得压盖测量标志、消火栓、煤气、热力井、上水截门井和收水井、电缆井、邮筒等各种设施
运土	有下列情况之一者必须采取运土措施：施工现场狭窄、交通繁忙、现场无法堆土时；经钻探已知槽底有河淤或严重流沙段两侧不得堆土；因其他原因不得堆土时 运土前，应找好存土点，运土时应随挖随运，并对进出路线、道路、照明、指挥、平土机械、弃土方案、雨季防滑、架空线的改造等预先做好
回填土	（1）排水工程的回填土必须严格遵守质量标准，达到设计规定的密实度 （2）沟槽回填土不得带水回填，应分层夯实。严禁用推土机或汽车将土直接倒入沟槽内 （3）必须保持构筑物两侧回填土高度均匀，避免因土压力不均导致构筑物发生位移 （4）应从距集水井最远处开始回填 （5）遇有构筑物本身抗浮能力不足的，须回填至有足够抗浮条件后，才能停止降水设备运转，防止漂浮 （6）回填土超过管顶0.5m以上，方可使用碾压机械。回填土应分层压实。严禁管顶上使用重锤夯实，回填土质量必须达到设计规定密实度 （7）回填用土应接近最佳含水量，必要时应改善土壤

2. 下管

（1）园林给水工程下管的一般规定。

1）施工安全规定。

① 下管应以施工安全、操作方便为原则，根据工人操作的熟练程度、管材重量、管长、施工环境、沟槽深浅及吊装设备供应条件等，合理地确定下管方法。

② 下管前应根据具体情况和需要，制订必要的安全措施，下管必须由经验丰富的工人担任指挥，以确保施工安全。

③ 起吊管子的下方严禁站人；人工下管时，槽内工作人员必须躲开下管位置。

2）槽沟检查、处理。

① 检查槽底杂物：应将槽底清理干净，给水管道的槽底如有棺木、粪污、

腐朽等不洁之物，应妥善处理，必要时应进行消毒。

② 检查地基：地基土壤如有被扰动者，应进行处理，冬期施工应检查地基是否受冻，管道不得铺设在冻土上。

③ 检查槽底高程及宽度：应符合挖槽的质量标准。

④ 检查槽帮：有裂缝及坍塌危险者必须处理。

⑤ 检查堆土：下管的一侧堆土过高过陡者，应根据下管需要进行整理。

3）特殊作业下施工。

① 在混凝土基础上下管时，除检查基础面高程必须符合质量标准外，同时混凝土强度应达到5.0MPa以上。

② 向高支架上吊装管子时，应先检查高支架的高程及脚手架的安全。

4）对运到工地的管子、管件及闸门等的规定。

① 应合理安排卸料地点，以减少现场搬运。卸料场地应平整。卸料应有专人指挥，防止碰撞损伤。运至下管地点的承插管，承口的排放方向应与管道铺设的方向一致。给水管材的卸存场地及排放场地应清除有碍卫生的脏物。

② 下管前应对管子、管件及闸门等的规格、质量，逐件进行检验，合格者方可使用。

③ 吊装及运输时，对法兰盘面、预应力混凝土管承插口密封工作面、钢管螺纹及金属管的绝缘防腐层，均应采取必要的保护措施，以免损伤；闸门应关好，并不得把钢丝绳捆绑在操作轮及螺孔处。

5）管段下管。当钢管组成管段下管时，其长度及吊点距离应根据管径、壁厚、绝缘种类及下管方法，在施工方案中确定。

6）下管工具和设备。下管工具和设备必须安全合用，并应经常进行检查和保养，发现不正常情况，必须及时修理或更换。

（2）园林给水工程下管的方法。园林给水工程下管的方法有两种：人工下管和吊车下管。

1）人工下管。人工下管一般采用压绳下管法，即在管子两端各套一根大绳，下管时，把管子下面的半段大绳用脚踩住，必要时用铁钎锚固，上半段大绳用手拉住，必要时用撬棍拨住，两组大绳用力一致，听从指挥，将管子徐徐下入沟槽。根据情况，下管处的槽边可斜立两根方木。钢管组成的管段，则根据施工方案确定的吊点数增加大绳的根数。

直径不小于900mm的钢筋混凝土管采用压绳下管法时，应开挖马道，并埋设一根管柱。大绳下半段固定在管柱，上半段绕管柱一圈，用以控制下管。管柱一般用下管的混凝土管，使用较小的混凝土管时，其最小管径应遵守表3-8的规定。管柱一般埋深一半，管柱外周应认真填土夯实。马道坡度不应陡于1:1，宽

度一般为管长加50cm。如环境限制不能开马道时，可用穿心杠下管，并应采取安全措施。

表3-8　下混凝土管的管柱最小直径　（单位：mm）

所下管子的直径	管柱最小直径
≤1100	600
1250～1350	700
1500～1800	800

直径200mm以内的混凝土管及小型金属管件，可用绳勾从槽边吊下。

吊链下管法的操作程序如下：

① 在下管位置附近先搭好吊链架。

② 在下管处横跨沟槽放两根（钢管组成的管段应增多）圆木（或方木），其截面尺寸根据槽宽和管重确定。

③ 将管子推至圆木（或方木）上，两边宜用木楔楔紧，以防管子走动。

④ 将吊链架移至管子上方，并支搭牢固。

⑤ 用吊链将管子吊起，撤除圆木（或方木），管子徐徐下至槽底。

下管用的大绳应质地坚固、不断股、不糟朽、无夹心。其截面直径应参照表3-9的规定。

表3-9　下管大绳截面直径　（单位：mm）

管子直径			大绳截面直径
铸铁管	预应力混凝土管	混凝土管及钢筋混凝土管	
≤300	≤200	≤400	20
350～500	300	500～700	25
600～800	400～500	800～1000	30
900～1000	600	1100～1250	38
1100～1200	800	1350～1500	44
—	—	1600～1800	50

为便于在槽内转管或套装索具，下管时宜在槽底垫木板或方木。在有混凝土基础或卵石的槽底下管时，宜垫草袋或木板，以防磕坏管子。

2）吊车下管。

① 采用起重机下管时，应事先与起重人员或起重机司机一起勘察现场，根据沟槽深度、土质、环境情况等，确定起重机距槽边的距离、管材存放位置以及其他配合事宜。起重机进出路线应事先进行平整，清除障碍。

② 起重机不得在架空输电线路下工作，在架空线路一侧工作时，起重臂、钢丝绳或管子等与线路的垂直、水平安全距离应不小于表 3-10 的规定。

表 3-10　吊车机械与架空线的安全距离

输电线路电压	与起重机最高处的垂直安全距离不小于/m	与起重机最近处的水平安全距离不小于/m
1kV 以下	1.5	1.5
1 ~ 20kV	1.5	2.0
20 ~ 110kV	2.5	4.0
154kV	2.5	5.0
220kV	2.5	6.0

③ 起重机下管应有专人指挥。指挥人员必须熟悉与机械吊装有关的安全操作规程及指挥信号。在吊装过程中，指挥人员应精神集中；起重机司机和槽下工作人员必须听从指挥。

④ 指挥信号应统一明确。起重机进行各种动作之前，指挥人员必须检查操作环境情况，确认安全后，方可向司机发出信号。

⑤ 绑（套）管子应找好重心，以使起吊平稳。管子起吊速度应均匀，回转应平稳，下落应低速轻放，不得忽快忽慢和突然制动。

3. 给水管道铺设

（1）一般规定。

1）适用范围。本项内容适用于工作压力不大于 0.5MPa，试验压力不大于 1.0MPa 的承插铸铁管及承插预应力混凝土管的给水管道工程。

2）使用钢管或钢管件。给水管道使用钢管或钢管件时，钢管安装、焊接、除锈、防腐应按设计及有关规定执行。

3）铺设质量要求。接口严密坚固，给水压试验合格；平面位置和纵断高程准确；地基和管件、闸门等的支墩坚固稳定；保持管内清洁，经冲洗消毒，化验水质合格。

4）接口工序。给水管道的接口工序是保证工程质量的关键。接口工人必须经过训练，并必须按照规程认真操作。对每个接口应编号，记录质量情况，以便检查。

5）管件、闸门安装。安装管件、闸门等，应位置准确，轴线与管线一致，无倾斜、偏扭现象。管件、闸门等安装完成后，应及时按设计做好支墩及闸门井等。支墩及井不得砌筑在松软土上，侧向支墩应与原土紧密相接。

6）管道铺设注意事项。在给水管道铺设过程中，应注意保持管子、管件、

闸门等内部的清洁，必要时应进行洗刷或消毒。当管道铺设中断或下班时，应将管口堵好，以防杂物进入，并且每日应对管口进行检查。

（2）铸铁管的铺设。

1）铺设的一般要求。

① 铸铁管铺设前应检查外观有无缺陷，并用小锤轻轻敲打，检查有无裂纹，不合格者不得使用。承口内部及插口外部过厚的沥青及飞刺、铸砂等应予铲除。

② 插口装入承口前，应将承口内部和插口外部清刷干净。胶圈接口的，先检查承口内部和插口外部是否光滑，保证胶圈顺利推进不受损伤，再将胶圈套在管子的插口上，并装上胶圈推入器。插口装入承口后，应根据中线或边线调整管子中心位置。

③ 铸铁管稳好后，应立即用稍粗于接口间隙的干净麻绳或草绳将接口塞严，以防泥土及杂物进入。

④ 接口前先挖工作坑，工作坑的尺寸可参照表3-11的规定。

表3-11 工作坑的尺寸

管径/mm	工作坑尺寸/m			
	宽　度	长　度		深　度
		承 口 前	承 口 后	
75～200	管径+0.6	0.8	0.2	0.3
250～700	管径+1.2	1.0	0.3	0.4
800～1200	管径+1.2	1.0	0.3	0.5

⑤ 接口成活后，不得受重大碰撞或扭转。为防止稳管时振动接口，接口与下管的距离，麻口不应小于2个口；石棉水泥接口不应小于3个口；膨胀水泥砂浆接口不应小于4个口。

⑥ 为防止铸铁管因夏季暴晒、冬季冷冻而胀缩和受外力时走动，管身应及时进行胸腔填土。胸腔填土须在接口完成之后进行。

2）铺设质量标准。管道中心线允许偏差20mm；承口和插口的对口间隙，最大不得超过表3-12的规定；接口的环形间隙应均匀，其允许偏差不得超过表3-13的规定。

表3-12 铸铁管承口和插口的对口最大间隙 （单位：mm）

管　径	沿直线铺设时	沿曲线铺设时
75	4	5
100～250	5	7
300～500	6	10

（续）

管　　径	沿直线铺设时	沿曲线铺设时
600～700	7	12
800～900	8	15
1000～1200	9	17

表 3-13　铸铁管接口环形间隙允许偏差　　（单位：mm）

管　　径	标准环形间隙	允许偏差
75～200	10	+3
250～450	11	-2
500～900	12	+4
1000～1200	13	-2

3）填油麻。填油麻的施工要求见表 3-14。

表 3-14　填油麻的施工要求

项　　目	内　　　　容
油麻使用标准	油麻应松软而有韧性，清洁而无杂物。自制油麻可用无麻皮的长纤维麻加工成麻辫，在石油沥青溶液（5%的石油沥青，95%的汽油或苯）内浸透，拧干，并经风干而成
填油麻的深度	填油麻的深度应按表 3-15 的规定执行。其中石棉水泥及膨胀水泥砂浆接口的填麻深度约为承口总深的 1/3；铅接口的填麻深度以距承口水线（承口内缺刻）里边缘 5mm 为准
石棉水泥接口及膨胀水泥砂浆接口的填麻圈数规定	管径≤400mm 者，用一缕油麻，绕填 2 圈 管径 450～800mm 者，每圈用一缕油麻，填 2 圈 管径≥900mm 者，每圈用一缕油麻，填 3 圈 铅接口的填麻圈数，一般比上述规定增加 1～2 圈
填麻施工要求	填麻时，应将每缕油麻拧成麻花状，其粗度（截面直径）约为接口间隙的 1.5 倍，以保证填麻紧密。每缕油麻的长度在绕管 1～2 圈后，应有 50～100mm 的搭接长度。每缕油麻宜按实际要求的长度和粗度，并参照材料定额，事先截好，分好 油麻的加工、存放、截分及填打过程中，均应保持洁净，不得随地乱放 填麻时，先将承口间隙用铁牙背匀，然后用麻錾将油麻塞入接口。塞麻时需倒换铁牙。打第 1 圈油麻时，应保留 1～2 个铁牙，以保证接口环形间隙均匀。待第 1 圈油麻打实后，再卸下铁牙，填第 2 圈油麻 打麻一般用 1.5kg 的铁锤。移动麻錾时应一錾挨一錾。油麻的填打程序及打法应按表 3-16 的规定 套管（揣袖）接口填麻一般比普通接口多填 1～2 圈麻辫。第 1 圈麻辫宜稍粗，塞填至距插口端约 10mm 为度，同时第 1 圈麻不用锤打，以防“跳井”（油麻或胶圈掉入对口间隙的现象）；第 2 圈麻填打时用力也不宜过大；其他填打方法同普通接口 填麻后进行下层填料时，应将麻口重打一遍，以麻不动为合格，并将麻屑刷净

（续）

项　　目	内　　　　容
填油麻质量标准	按照规定，铅接口填麻深度允许偏差 ±5mm，石棉水泥及膨胀水泥砂浆接口的填麻深度不应小于表 3-15 所列数值 填打密实，用錾子重打一遍，不再走动

表 3-15　承接口铸铁接口填麻深度

管　径	接口间隙	承口总深	接口填麻深度			
			油麻、石棉水泥接口油麻、膨胀水泥砂浆接口		油麻、铅接口	
			麻	灰	麻	铅
75	10	90	33	57	40	50
100	10	95	33	62	45	50
125	10	95	33	62	45	50
150	10	100	33	67	50	50
200	10	100	33	67	50	50
250	11	105	35	70	55	50
300	11	105	35	70	55	50
350	11	110	35	75	60	50
400	11	110	38	72	60	50
450	11	115	38	77	65	50
500	12	115	42	73	55	60
600	12	120	42	78	60	60
700	12	125	42	83	65	60
800	12	130	42	88	70	60
900	12	135	45	90	75	60
1000	13	140	45	95	71	69
1100	13	145	45	100	76	69
1200	13	150	50	100	81	69

表3-16　油麻的填打程序及打法

圈　次	第　一　圈		第　二　圈			第　三　圈		
遍　次	第一遍	第二遍	第一遍	第二遍	第三遍	第一遍	第二遍	第三遍
击数	2	1	2	2	1	2	2	1
打法	挑打	挑打	挑打	平打	平打	贴外口	贴里口	平打

4）填胶圈。

① 胶圈的质量和规格要求。胶圈的物理性能应符合表3-17的要求；外观检查，粗细均匀，质地柔软，无气泡（有气泡时搓捏发软），无裂缝、重皮；胶圈接头宜用热接，接缝应平整牢固，严禁采用耐水性不良的胶水（如502胶）黏结；胶圈的内环径一般为插口外径的0.85～0.87倍；胶圈截面直径的选压缩率为35%～40%为宜。

表3-17　胶圈的物理性质

含胶量（%）	邵氏硬底	拉应力/MPa	伸长率（%）	永久变形（%）	老化系数 70℃，72h
≥65	45～55	≥16.0	≥500	<25	0.8

② 胶圈接口。胶圈接口应尽量采用胶圈推入器，使胶圈在装口时滚入接口内。采用填打方法进行胶圈接口时，应注意：錾子应贴插口填打，使胶圈沿一个方向依次均匀滚入，避免出现“麻花”，填打有困难时，可借助铁牙在填打部位将接口适当撑大；一次不宜滚入太多，以免出现“闷鼻”或“凹兜”，一般第一次先打入承口水线，然后分2～3次打至小台，胶圈距承口外缘的距离应均匀；在插口、承口均无小台的情况下，胶圈以打至距插口边缘10～20mm为宜，以防“跳井”。

填打胶圈出现“麻花”“闷鼻”“凹兜”或“跳井”时，可利用铁牙将接口间隙适当撑大，进行调整处理。必须将以上情况处理完善后，方得进行下层填料。

胶圈接口外层进行灌铅者，填打胶圈后，必须再填油麻1～2圈，以填至距承口水线里边缘5mm为准。

③ 填胶圈质量标准。胶圈压缩率符合相关要求；胶圈填至小台，距承口外缘的距离均匀；无“麻花”“闷鼻”“凹兜”及“跳井”现象。

5）填石棉水泥。

① 石棉水泥接口使用材料应符合设计要求，水泥强度等级不应低于42.5级，石棉宜采用软－4级或软－5级。

② 石棉水泥的配合比（重量比）一般为石棉30%，水泥70%，水10%～

20%（占干石棉水泥的总重量）。加水量，一般宜用10%，气温较高或风较大时应适当增加石棉和水泥。

③ 石棉和水泥拌和。石棉和水泥可集中拌和，拌好的干石棉水泥，应装入铁桶内，并放在干燥房间内，存放时间不宜过长，避免受潮变质。每次拌和不应超过一天的用量。干石棉水泥应在使用时再加水拌和，拌好后宜用湿布覆盖，运至使用地点。加水拌和的石棉水泥应在1.5h内用完。

④ 石棉水泥接口。填打石棉水泥前，宜用清水先将接口缝隙湿润。石棉水泥接口的填打遍数、填灰深度及使用錾号应按表3-18的规定。石棉水泥接口操作应遵守规定：填石棉水泥，每一遍均应按规定深度填塞均匀；用1、2号錾时，打两遍者，靠承口打一遍，再靠插口打一遍，打三遍者，再靠中间打一遍；每打一遍，每一錾至少击打三下，第二錾应与第一錾有1/2相压；最后一遍找平时，应用力稍轻。石棉水泥接口合格后，一般用厚约10cm的湿泥将接口四周糊严，进行养护，或用潮湿的土壤虚埋养护。

表3-18 石棉水泥接口填打方法

直径/mm	75~450			500~700			800~1200		
打法	四填八打			四填十打			五填十六打		
填灰遍数	填灰深度	使用錾号	击打遍数	填灰深度	使用錾号	击打遍数	填灰深度	使用錾号	击打遍数
1	1/2	1	2	1/2	1	3	1/2	1	3
2	剩余的2/3	2	2	剩余的2/3	2	3	剩余的1/2	1	4
3	填平	2	2	填平	2	2	剩余的2/3	2	3
4	找平	3	2	找平	3	2	填平	2	3
5	—	—	—	—	—	—	找平	3	3

⑤ 填石棉水泥质量标准。石棉水泥配比准确，石棉水泥表面呈发黑色，凹进承口1~2mm，深浅一致，并用錾子用力连打三下使表面不再凹入。

6）填膨胀水泥砂浆。

① 填膨胀水泥砂浆接口材料要求。膨胀水泥宜用石膏矾土膨胀水泥或硅酸盐膨胀水泥，出厂超过3个月者，应经试验，证明其性能良好，方可使用；自行配制膨胀水泥时，必须经技术鉴定合格，方可使用。砂应用洁净的中砂，最大粒径不大于1.2mm，含泥量不大于2%。

② 膨胀水泥砂浆的配合比（重量比）。一般采用膨胀水泥:砂:水为1:1:0.3，

当气温较高或风较大时，用水量可酌量增加，但最大水灰比不宜超过0.35。

③ 膨胀水泥砂浆拌和。膨胀水泥砂浆必须拌和均匀，外观颜色一致。宜在使用地点附近拌和，随用随拌，一次拌和量不宜过多，应在半小时内用完或按原产品说明书操作。

④ 膨胀水泥砂浆水泥接口。应分层填入，分层捣实，以三填三捣为宜。每层均应一錾压一錾地均匀捣实。第一遍填塞接口深度的1/2，用錾子用力捣实；第二遍填塞至承口边缘，用錾子均匀捣实；第三遍找平成活，捣至表面返浆，比承口边缘凹进1～2mm为宜，并刮去多余灰浆，找平表面。接口成活后，应立即用湿草袋（或草帘）覆盖，并经常洒水，使接口保持湿润状态不少于7d。或用厚约10cm的湿泥将接口四周糊严，并用潮湿的土壤虚埋，进行养护。

⑤ 填膨胀水泥砂浆质量标准。膨胀水泥砂浆配合比准确；分层填捣密实，凹进承口1～2mm，表面平整。

7）灌铅。

① 一般要求。灌铅工作必须由有经验的工人指导。熔铅需注意：严禁将带水或潮湿的铅块投入已熔化的铅液内，避免发生爆炸，并应防止水滴入铅锅；掌握熔铅火候，可根据铅熔液液面的颜色判别温度，如呈白色则温度低，呈紫红色则温度恰好，用铁棍（严禁潮湿或带水）插入铅熔液中随即快速提出，如铁棍上没有铅熔液附着，则温度适宜，即可使用。铅桶、铅勺等工具应与熔铅同时预热。

② 安装灌铅卡箍。在安装卡箍前，必须将管口内水分擦干，必要时可用喷灯烤干，以免灌铅时发生爆炸；工作坑内有水时，必须掏干。将卡箍贴承口套好，开口位于上方，以便灌铅。用卡子夹紧卡箍，并用铁锤锤击卡箍，使其与管壁和承口都贴紧。卡箍与管壁接缝部分用黏泥抹严，以免漏铅。用黏泥将卡子口围好。

③ 运送铅熔液注意事项。运送铅熔液至灌铅地点，跨越沟槽的马道必须事先支搭牢固平稳，道路应平整。取铅熔液前，应用有孔漏勺由熔锅中除去铅熔液的浮游物。每次取运一个接口的用量，应有两人抬运，不得上肩，迅速安全运送。

④ 灌铅应遵守的规定。灌铅工人应全身防护，包括戴防护面罩。操作人员站在管顶上部，应使铅罐的口朝外。铅罐口距管顶约20cm，使铅徐徐流入接口内，以便排气，大管径管道应将铅流放大，以免铅熔液中途凝固。每个铅接口的铅熔液应不间断地一次灌满，但中途发生爆声时，应立即停止灌铅。铅凝固后，即可取下卡箍。

⑤ 打铅操作程序。用剁子将铅口飞刺切去。用1号铅錾贴插口击打一遍，

每打一錾应有半錾重叠，再用2号、3号、4号、5号铅錾重复上法各打一遍至铅口打实。最后用錾子把多余的铅打下（不得使用剁子铲平），再用厚錾找平。

⑥ 灌铅质量标准。一次灌满，无断流。铅面凹进承口1~2mm，表面平整。

8）法兰接口。

① 法兰接口前检查。法兰接口前应对法兰盘、螺栓及螺母进行检查。法兰盘面应平整，无裂纹，密封面上不得有斑疤、砂眼及辐射状沟纹。螺孔位置应准确，螺母端部应平整，螺栓螺母丝号一致，螺纹不乱。

② 环形橡胶垫圈规格质量要求。质地均匀，厚薄一致，未老化，无皱纹；采用非整体垫片时，应黏结良好，拼缝平整。管径≤600mm者，宜采用3~4mm，管径≥700mm者宜采用5~6mm。垫圈内径应等于法兰内径，其允许偏差：管径150mm以内者为+3mm，管径200mm及大于200mm者为+5mm。垫圈外径应与法兰密封面外缘相齐。

③ 法兰接口。进行法兰接口时，应先将法兰密封面清理干净。橡胶垫圈应放置平正。管径不小于600mm的法兰接口，或使用拼粘垫片的法兰接口，应在两法兰密封面上各涂铅油一道，以使接口严密。所有螺栓及螺母应点上机油，对称地均匀拧紧，不得过力，严禁先拧紧一侧再拧另一侧。螺母应在法兰的同一面上。安装闸门或带有法兰的其他管件时，应防止产生拉应力。邻近法兰的一侧或两侧接口应在法兰上所有螺栓拧紧后，方可连接。法兰接口埋入土中者，应对螺栓进行防腐处理。

④ 法兰接口质量标准。两法兰盘面应平行，法兰与管中心线应垂直。管件或闸门等不产生拉应力。螺栓应露出螺母外至少2螺纹，但其长度最多不应大于螺栓直径的1/2。

9）人字柔口安装。

① 施工要求。人字柔口的人字两足和法兰的密封面上不得有斑疤及粗糙现象，安装前，应先配在一起，详细检查各部尺寸。安装人字柔口，应使管缝居中，不偏移，不倾斜。安装前宜在管缝两侧面上线，以便于安装时进行检查。所有螺栓及螺母应点上机油，对称地均匀拧紧，应保证胶圈位置正确，受力均匀。

② 人字柔口安装质量标准。位置适中，不偏移，不倾斜。胶圈位置正确，受力均匀。

（3）预应力混凝土管的铺设。

1）材料质量要求。

① 预应力混凝土管应无露筋、空鼓、蜂窝、裂纹、脱皮、碰伤等缺陷。

② 预应力混凝土管承插口密封工作面应平整光滑。必须逐件测量承口内径、

插口外径及其椭圆度。对个别间隙偏大或偏小的接口，可配用截面直径较大或较小的胶圈。

③ 预应力混凝土管接口胶圈的物理性能及外观检查，同铸铁管所用胶圈的要求。胶圈内环径一般为插口外径的0.87～0.93倍，胶圈截面直径的选择，以胶圈滚入接口缝后截面直径的压缩率为35%～45%为宜。

2）铺设准备。安装前应先挖接口工作坑。工作坑长度一般为承口前60cm，横向挖成弧形，深度以距管外皮20cm为宜。接口前应将承口内部和插口外部的泥土脏物清刷干净，在插口端套上胶圈。胶圈应保持平正，无扭曲现象。

3）接口。

① 初步对口时，管子吊起不得过高，稍离槽底即可，以使插口胶圈准确地对入承口八字内；利用边线调整管身位置，使管子中线符合设计要求；必须认真检查胶圈与承口接触是否均匀紧密，不均匀时，用錾子捣击调整，以便接口时胶圈均匀滚入。

② 安装接口的机械，宜根据具体情况，采用装在特制小车上的顶镐、吊链或卷扬机等。顶拉设备事先应经过设计和计算。

③ 安装接口时，顶、拉速度应缓慢，并应有专人查看胶圈滚入情况，如发现滚入不匀，应停止顶、拉，用錾子将胶圈位置调整均匀后，再继续顶、拉，使胶圈达到承插口预定的位置。

④ 管子接口完成后，应立即在管底两侧适当塞土，以使管身稳定。不妨碍继续安装的管段，应及时进行胸腔填土。

⑤ 预应力混凝土管所使用铸铁或钢制的管件及闸门等的安装，按铸铁管铺设的有关规定执行。

4）铺设质量标准。

管道中心线允许偏差20mm；插口插入承口的长度允许偏差±5mm；胶圈滚至插口小台。

（4）硬聚氯乙烯（UPVC）管安装要求。

1）材料质量要求。

① 硬聚氯乙烯管子及管件，可用焊接、黏结或法兰连接。

② 硬聚氯乙烯管子的焊接或黏结的表面，应清洁平整，无油垢，并具有毛面。

③ 焊接硬聚氯乙烯管子时，必须使用专用的聚氯乙烯焊条。焊条应符合要求：弯曲180°两次不折裂，但在弯曲处允许有发白现象；表面光滑，无凸瘤和气孔，切断面的组织必须紧密均匀，无气孔和夹杂物。

④ 焊接硬聚氯乙烯管子的焊条直径应根据焊件厚度，按表3-19选定。

表 3-19　硬聚氯乙烯焊条直径的选择

焊件厚度/mm	焊条直径/mm
<4	2
4～16	3
>16	4

⑤ 硬聚氯乙烯管的对焊，管壁厚度大于 3mm 时，其管端部应切成 30°～35°的坡口，坡口一般不应有钝边。

⑥ 焊接硬聚氯乙烯管子所用的压缩空气，不含水分和油脂，一般可用过滤器处理，压缩空气的压力一般应保持在 0.1MPa 左右。焊枪喷口热空气的温度为 220～250℃，可用调压变压器调整。

2）焊接要求。焊接硬聚氯乙烯管子时，环境气温不得低于 5℃。焊枪应不断上下摆动，使焊条及焊件均匀受热，并使焊条充分熔融，但不得有分解及烧焦现象。焊条的延伸率应控制在 15% 以内，以防产生裂纹。焊条应排列紧密，不得有空隙。

3）承插连接。采用承插式连接时，承插口的加工，承口可将管端在约 140℃的甘油池中加热软化，在预热至 100℃的钢模中进行扩口，插口端应切成坡口，承插长度可按表 3-20 的规定，承插接口的环形间隙宜在 0.15～0.30mm 之间。

表 3-20　硬聚氯乙烯管承插长度

管　　径	25	32	40	50	65	80	100	125	150	200
承插长度 l	40	45	50	60	70	80	100	125	150	200

承插连接的管口应保持干燥、清洁，黏结前宜用丙酮或二氯乙烷将承插接触面擦洗干净，涂一层薄而均匀的胶粘剂，插口插入承口应插足。胶粘剂可用过氯乙烯清漆或过氯乙烯/二氯乙烷（20/80）溶液。

4）管加工。加工硬聚氯乙烯管弯管，应在 110～130℃的温度下进行煨制。管径大于 65mm 者，煨管时必须在管内填实 100～110℃的热砂子。弯管的弯曲半径不应小于管径的 3 倍。卷制硬聚氯乙烯管子时，加热温度应保持为 130～140℃。加热时间应按表 3-21 的规定。聚硬氯乙烯管子和板材，在机械加工过程中，不得使材料本身湿度超过 50℃。

表 3-21　卷制硬聚氯乙烯管子的加热时间

板材厚度/mm	加热时间/min
3～5	5～8
6～10	10～15

5）质量标准。

① 硬聚氯乙烯管子与支架之间，应垫以毛毡、橡胶或其他柔软材料的垫板，金属支架表面不应有尖棱和毛刺。

② 焊接的接口，其表面应光滑，无烧穿、烧焦和宽度、高度不匀等缺陷，焊条与焊件之间应有均匀的接触，焊接边缘处原材料应有轻微膨胀，焊缝的焊条间无孔隙。

③ 黏结的接口，连接件之间应严密无孔隙。

④ 煨制的弯管不得有裂纹、鼓泡、鱼肚状下坠和管材分解变质等缺陷。

（5）水压试验。

1）试压后背安装。

① 给水管道水压试验的后背安装，应根据试验压力、管径大小、接口种类周密考虑，必须保证操作安全，保证试压时后背支撑及接口不被破坏。

② 水压试验，一般在试压管道的两端各预留一段沟槽不开，作为试压后背。预留后背的长度和支撑宽度应进行安全核算。

③ 预留土墙后背应使墙面平整，并与管道轴线垂直。后背墙面支撑面积，根据土质和水压试验压力而定，一般土质可按承压 1.5MPa 考虑。

④ 试压后背的支撑，用一根圆木时，应支在管堵中心；方向与管中心线一致；使用两根圆木或顶铁时，前后应各放横向顶铁一根，支撑应与管中心线对称，方向与管中心线平行。

⑤ 后背使用顶镐支撑时，宜在试压前稍加顶力，对后背预加一定压力，但应注意加力不可过大，以防破坏接口试压后背安装。

⑥ 后背土质松软时，必须采取加固措施，以保证试压工作安全进行。

⑦ 刚性接口的给水管道，为避免试压时由于接口破坏而影响试压，管径 600mm 及大于 600mm 时，管端宜采用一个或两个胶圈柔口。采用柔口时，管道两侧必须与槽帮支牢，以防走动。管径 1000mm 及大于 1000mm 的管道，宜采用伸缩量较大的特制试压柔口盖堵。

⑧ 宜少于 30m，并填土夯实。纯柔性接口管段不得作为试压后背。

⑨ 水压试验一般应在管件支墩做完，并达到要求强度后进行。对未作支墩的管件应做临时后背。

2）试压方法及标准。

① 给水管道水压试验的管段长度一般不超过 1000m；如特殊情况，需要超过 1000m 时，应与设计单位、管理单位共同研究确定。

② 水压试验前应对压力表进行检验校正。

③ 水压试验前应做好排水设施，以便于试压后管内存水的排除。

④ 管道串水时，应认真进行排气。如排气不良（加压时常出现压力表表针摆动不稳，且升压较慢），应重新进行排气。一般在管端盖堵上部设置排气孔。在试压管段中，如有不能自由排气的高点，宜设置排气孔。

⑤ 串水后，试压管道内宜保持 0.2～0.3MPa 水压（但不得超过工作压力），浸泡一段时间，铸铁管 1 昼夜以上，预应力混凝土管 2～3 昼夜，使接口及管身充分吃水后，再进行水压试验。

⑥ 水压试验一般应在管身胸腔填土后进行，接口部分是否填土，应根据接口质量、施工季节、试验压力、接口种类及管径大小等情况具体确定。

⑦ 进行水压试验应统一指挥，明确分工，对后背、支墩、接口、排气阀等都应规定专人负责检查，并明确规定发现问题时的联络信号。

⑧ 对所有后背、支墩必须进行最后检查，确认安全可靠时，水压试验方可开始进行。

⑨ 开始水压试验时，应逐步升压，每次升压以 0.2MPa 为宜，每次升压后，检查没有问题，再继续升压。

⑩ 水压试验时，后背、支撑、管端等附近均不得站人，对后背、支撑、管端的检查，应在停止升压时进行。

⑪ 水压试验压力应按表 3-22 的规定执行。

表 3-22　管道水压试验的试验压力

管材种类	工作压力 P	试验压力
钢管	P	$P+0.5$ 且不应小于 0.9
铸铁及球墨铸铁管	≤0.5	$2P$
	>0.5	$P+0.5$
预应力、自应力混凝土管	≤0.6	$1.5P$
	>0.6	$P+0.3$
现浇钢筋混凝土管渠	≥0.1	$1.5P$

⑫ 水压试验一般以测定渗水量为标准。但直径≤400mm 的管道，在试验压力下，如 10min 内降压不超过 0.05MPa 时，可不测定渗水量，即为合格。

⑬ 水压试验采取放水法测定渗水量，实测渗水量不得超过表 3-23 规定的允许渗水量。

⑭ 管道内径大于表 3-23 规定时，实测渗水量应不大于按下列公式计算的允许渗水量：

钢管：$Q=0.05\sqrt{D}$

铸铁管、球墨铸铁管：$Q=0.1\sqrt{D}$

预应力、自应力混凝土管：$Q=0.14\sqrt{D}$

现浇钢筋混凝土管渠：$Q=0.014D$

式中 Q——允许渗水量；

D——管道内径。

表 3-23 压力管道严密性试验允许渗水量

管道内径/mm	允许渗水量/［L/（min·km）］		
	钢管	铸铁管、球墨铸铁管	预（自）应力混凝土管
100	0.28	0.70	1.40
125	0.35	0.90	1.56
150	0.42	1.05	1.72
200	0.56	1.40	1.98
250	0.70	1.55	2.22
300	0.85	1.70	2.42
350	0.90	1.80	2.62
400	1.00	1.95	2.80
450	1.05	2.10	2.96
500	1.10	2.20	3.14
600	1.20	2.40	3.44
700	1.30	2.55	3.70
800	1.35	2.70	3.96
900	1.45	2.90	4.20
1000	1.50	3.00	4.42
1100	1.55	3.10	4.60
1200	1.65	3.30	4.70
1300	1.70	—	4.90
1400	1.75	—	5.00

（6）冲洗消毒的施工方法见表 3-24。

表 3-24 冲洗消毒的施工方法

步　骤	内　　容
接通旧管	（1）给水接通旧管，无论接预留闸门、预留三通或切管新装三通，均须事先与管理单位联系，取得配合。凡需停水者，必须在前一天商定准确停水时间，并严格按照规定执行 （2）接通旧管前，应做好以下准备工作，需要停水者，应在规定停水时间以前完成 1）挖好工作坑，并根据需要做好支撑、栏杆和警示灯，以保证安全

（续）

步　骤	内　　　容
接通旧管	2）需要放出旧管中的存水者，应根据排水量，挖好集水坑，准备好排水机具，清理排水路线，以保证顺利排水 3）检查管件、闸门、接口材料、安装设备、工具等，必须使规格、质量、品种、数量均符合需要接通旧管 4）如夜间接管，必须装好照明设备，并做好停电准备 5）在切管上事先画出锯口位置，切管长度一般为换装管件有效长度（即不包括承口）加管径的1/10 （3）接通旧管的工作应紧张而有秩序，明确分工，统一指挥，并与管理单位派至现场的人员密切配合 （4）需要停水关闸时，关闸、开闸的工作均由管理单位的人员负责操作，施工单位派人配合 （5）关闸后，应在停水管段内打开消火栓或用水龙头放水，如仍有水压，应检查原因，采取措施 （6）预留三通、闸门的侧向支墩，应在停水后拆除。如不停水拆除闸门的支墩，必须会同管理单位研究制订防止闸门走动的安全措施 （7）切管或卸盖堵时，旧管中的存水流入集水坑，应立即排除，并调节从旧管中流出的水量，使水面与管底保持相当距离，以免污染通水管道。切管前，必须将所切管截垫好或吊好，防止骤然下落。调节水量时，可将管截上下或左右缓缓移动。卸法兰盖堵或承堵、插堵时，也必须吊好，并将堵端支好，防止骤然把堵冲开 （8）接通旧管时，新装闸门及闸门与旧管之间的各项管件，除清除污物并冲洗干净外，还必须用1%～2%的漂粉溶液洗刷两遍，进行消毒后，方可安装。在安装过程中，也应注意防止再受污染。按口用的油麻应经蒸汽消毒，接口用的胶圈和接口工具也均应用漂粉溶液消毒 （9）接通旧管后，开闸通水时应采取必要的排气措施 （10）开闸通水后，应仔细检查接口是否漏水，直径不小于400mm的干管，对接口观察应不小于半小时 （11）切管后新装的管件，应及时按设计标准或管理单位要求做好支墩
放水冲洗	（1）给水管道放水冲洗前应与管理单位联系，共同商定放水时间、取水样化验时间、用水流量及如何计算用水量等事宜 （2）管道冲洗水速一般应为1～1.5m/s （3）放水前应先检查放水线路是否影响交通及附近建筑物的安全 （4）放水口四周应有明显标志或栏杆，夜间应点警示灯，以确保安全 （5）放水时应先开出水闸门，再开来水闸门，并做好排气工作 （6）放水时间以排水量大于管道总体积的3倍，并使水质外观澄清为度 （7）放水后，应尽量使来水、出水闸门同时关闭。如做不到，可先关出水闸门，但留一两扣先不关死，待将来水闸门关闭后，再将出水闸门全部关闭 （8）放水完毕，管内存水达24h后，由管理单位取水样化验
水管消毒	（1）给水管道经放水冲洗后，水质检验不合格者，应用漂粉溶液消毒。在消毒前两天与管理单位联系，取得配合 （2）给水管道消毒所用漂粉溶液浓度，应根据水质不合格的程度确定，一般采用100～200mg/L，即溶液内含有游离氯25～50mg/L

（续）

步　骤	内　　容
水管消毒	（3）漂粉在使用前，应进行检验。漂粉纯度以含氯量25%为标准。当含氯量高于或低于标准时，应以实际纯度调整用量 （4）漂粉保管时，不得受热受潮、日晒和火烤。漂粉桶盖必须密封；取用漂粉后，应立即将桶盖盖好；存放漂粉的室内不得住人 （5）取用漂粉时应戴口罩和手套，并注意勿使漂粉与皮肤接触 （6）溶解漂粉时，先将硬块压碎，在小盆中溶解成糊状，直至残渣不能溶化为止，再用水冲入大桶内搅匀 （7）用泵向管道内压入漂粉溶液时，应根据漂粉的浓度和压入的速度，用闸门调整管内流速，以保证管内的游离氯含量符合要求 （8）当进行消毒的管段全部冲满漂粉溶液后，关闭所有闸门，浸泡24h以上，然后放净漂粉溶液，再放入自来水，等24h后由管理单位取水样化验

（7）雨期、冬期施工具体内容见表3-25。

表3-25　雨期、冬期施工

项　目	内　　容
雨期施工	（1）雨期施工应严防雨水泡槽，造成漂管事故。除按有关雨期施工的要求，防止雨水进槽外，对已铺设的管道应及时进行胸腔填土 （2）雨天不宜进行接口。如需要接口时，必须采取防雨措施，确保管口及接口材料不被雨淋。雨天进行灌铅时，防雨措施更应严格要求
冬期施工	（1）冬期施工进行石棉水泥接口时，应采用热水拌和接口材料，水温不应超过50℃ （2）冬期施工进行膨胀水泥砂浆接口时，砂浆应用热水拌和，水温不应超过35℃ （3）气温低于－5℃时，不宜进行石棉水泥及膨胀水泥砂浆接口；必须进行接口时，应采取防寒保温措施 （4）石棉水泥接口及膨胀水泥砂浆接口，可用盐水拌和的水泥封口养护，同时覆盖草帘。石棉水泥接口也可立即用不冻土回填夯实。膨胀水泥砂浆接口处，可用不冻土临时填埋，但不得加夯 （5）在负温度下需要洗刷管子时，宜用盐水 （6）冬期进行水压试验，应采取以下防冻措施： 1）管身进行胸腔填土，并将填土适当加高 2）暴露的接口及管段均用草帘覆盖 3）串水及试压临时管线均用草绳及稻草或草帘缠包 4）各项工作抓紧进行，尽快试压，试压合格后，即将水放出 5）管径较小，气温较低，预计采取以上措施，仍不能保证水不结冻时，水中可加食盐防冻，一般情况不使用食盐

第二节　园林喷灌工程

【新手必懂知识】喷灌系统构成

1. 喷头

喷头是灌溉系统中的重要设备，一般有喷头、喷芯、喷嘴、滤网、弹簧和止溢阀等部分组成。它的作用是将有压水流破碎成细小的水滴，按照一定的分布规律喷洒在绿地上。

（1）喷头的形式。喷头是喷泉的一个重要组成部分，其形式有以下几种，见表3-26。

表3-26　喷头的形式

形　式	内　　容
旋转类喷头	又称射流式喷头。其管道中的压力水流通过喷头形成一股集中的射流喷射而出，经自然粉碎形成细小的水滴洒落在地面。在喷洒过程中，喷头绕竖向轴缓缓旋转，使其喷射范围形成一个半径等于其射程的网形或扇形。其喷射水流集中，水滴分布均匀，射程达30m以上，喷灌效果比较好，所以得到了广泛的应用。这类喷头中，因其转动机构的构造不一样，又可分为摇臂式、叶轮式、反作用式和手持式四种形式。还可根据是否装有扇形机构而分为扇形喷灌喷头和全圆周喷灌喷头两种形式 摇臂式喷头是旋转类喷头中应用最广泛的喷头形式。这种喷头的结构是由导流器、摇臂、摇臂弹簧、摇臂轴等组成的转动机构，和由定位销、拨杆、挡块、扭簧或压簧等构成的扇形机构，以及喷体、空心轴、套轴、垫圈、防沙弹簧、喷管和喷嘴等构件组成的。在转动机构作用下，喷体和空心轴的整体在套轴内转动，从而实现旋转喷水
漫射类喷头	这种喷头是固定式的，在喷灌过程中所有部件都固定不动，而水流却是呈圆形或扇形向四周分散开。喷灌系统的结构简单，工作可靠，在公园苗圃或一些小块绿地有所应用。其喷头的射程较短，在5～10m之间；喷灌强度大，在15～20mm/h以上；但喷灌水量不均匀，近处比远处的喷灌强度大得多
孔管类喷头	喷头实际上是一些水平安装的管子。在水平管子的顶上分布有一些整齐排列的小喷水孔。孔径仅1～2mm。喷水孔在管子上有排列成单行的，也有排列为两行以上的，可分别叫做单列孔管和多列孔管

（2）喷头的布置。喷灌系统喷头的布置形式有矩形、正方形、正三角形和等腰三角形四种。在实际工作中采用什么样的喷头布置形式，主要取决于喷头的性能和拟灌溉的地段情况。表3-27中所列4幅图，主要表示出喷头的不同组合

方式与灌溉效果的关系。

表 3-27　喷头的布置形式

序号	喷头组合图形	喷洒方式	喷头间距 L、支管 b 与射程 R 的关系	有效控制面积 S	适用情况
A	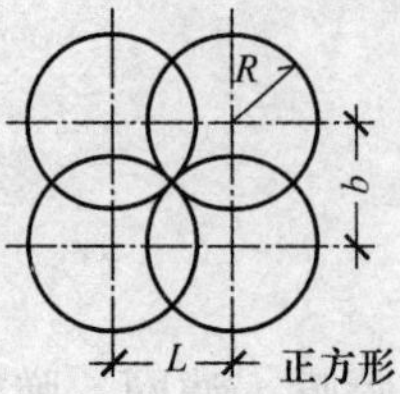 正方形	全圆形	$L=b=1.42R$	$S=2R^2$	在风向改变频率的地方效果好
B	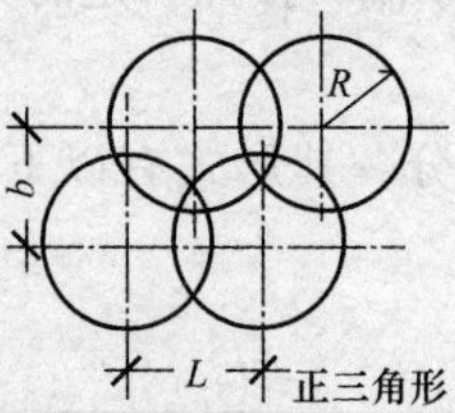 正三角形	全圆形	$L=1.73R$ $b=1.5R$	$S=2R^2$	在无风的情况下喷灌的均度最好
C	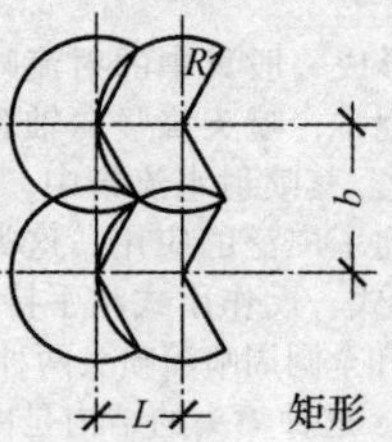 矩形	扇形	$L=R$ $b=1.73R$	$S=2R^2$	较 A、B 节省管道
D	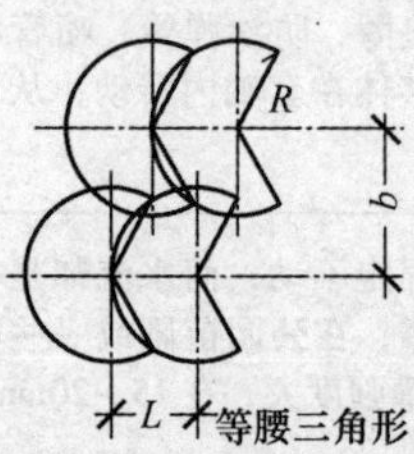 等腰三角形	扇形	$L=R$ $b=1.87R$	$S=2R^2$	同 C

注：表所列 R 是喷头的设计射程，应小于喷头的最大射程。根据喷灌系统形式、当地的风速、动力的可靠程度等来确定一个系数，对于移动式喷灌系统一般可采用 0.9；对于固定式系统由于竖管装好后就无法移动，如有空白就无法补救，故可以考虑采用 0.8；对于多风地区可采用 0.7。

2. 管材和管件

管材和管件在绿地喷灌系统中起着纽带的作用，为保证喷灌的水量供给，将喷头、闸阀、水泵等设备按照特定的方式连接在一起，构成喷灌管网系统。在喷灌行业里，聚氯乙烯（PVC）、聚乙烯（PE）和聚丙烯（PP）等塑料管正在逐渐

取代其他材质的管道，成为喷灌系统主要的管材。各管材类型及特点见表3-28。

表3-28　管材的类型及特点

类　型	特　点
聚氯乙烯（PVC）管	为硬质PVC管和软质PVC管。公称外径为20～200mm。绿地喷灌系统主要使用承压能力为0.63MPa、1.00MPa、1.25MPa三种规格的硬质PVC管
聚乙烯（PE）管	管材有高密度聚乙烯（HDPE）和低密度聚乙烯（LDPE）两种。前者性能好但价格昂贵，使用较少；后者力学强度较低但抗冲击性好，适合在较复杂的地形敷设，是绿地喷灌系统中常用的聚乙烯管材
聚丙烯（PP）管	PP管耐热性能优良，适用于移动或半移动喷灌系统场合

3. 控制设备

控制设备构成了绿地喷灌系统的指挥体系，其技术含量和完备程度决定着喷灌系统的自动化程度和技术水平。根据控制设备的功能与作用的不同，可将控制设备分为状态性控制设备、安全性控制设备和指令性控制设备三种。

（1）状态性控制设备。状态性控制设备是指喷灌系统中能够满足设计和使用要求的各类阀门。其作用是控制喷灌管网中水流的方向、速度和压力等状态参数。按照控制方式的不同可将这些阀门分为手控阀、电磁阀与水力阀。

（2）安全性控制设备。安全性控制设备是指各种保证喷灌系统在设计条件下安全运行的各种控制设备，减压阀、调压孔板和自动泄水阀等。

（3）指令性控制设备。指令性控制设备是指在喷灌系统的运行和管理中起指挥作用的各种控制设备，包括各种控制器、遥控器、传感器、气象站和中央控制系统等。指令性控制设备的应用使喷灌系统的运行具有智能化的特征，既可以降低系统的运行和管理费用，又能提高水的利用率。

【新手必懂知识】喷灌的技术要求

1. 喷灌强度

单位时间喷洒在控制面的水深称为喷灌强度。喷灌强度的单位常用“mm/h”。计算喷灌强度应大于平均喷灌强度。这是因为系统喷灌的水不可能没有损失地全部喷洒到地面。喷灌时的蒸发、受风后雨滴的漂移以及作物茎叶的截留都会使实际落到地面的水量减少。

喷灌强度应该小于土壤的入渗（或称渗吸）速度，以避免地面积水或产生径流，造成土壤板结或冲刷。

2. 水滴打击强度

水滴打击强度是指单位受水面积内，水滴对土壤或植物的打击动能。它与喷头喷洒出来的水滴的大小、质量、降落速度和密度（落在单位面积上水滴的数目）有关。水滴打击强度不宜过大，以避免破坏土壤团粒结构造成板结或损害植物。但是，将有压水流充分粉碎与雾化需要更多的能耗，会产生经济上的不合理性。同时，细小的水滴更易受风的影响，使喷灌均匀度降低，漂移和蒸发损失加大。一般常采用水滴直径和雾化指标间接地反映水滴打击强度，为规划设计提供依据。

3. 喷灌均匀度

喷灌均匀度是指在喷灌面积上水量分布的均匀程度。它是衡量喷灌质量好坏的主要指标之一。它与喷头结构、工作压力、喷头组合形式、喷头间距、喷头转速的均匀性、竖管的倾斜度、地面坡度和风速、风向等因素有关。喷灌的水量应均匀地分布在喷洒面，以使植物获得均匀的水量。

【新手必懂知识】喷灌设备选择

1. 设备选择

（1）喷头。喷头应符合喷灌系统设计要求，灌溉季节风大的地区或树下喷灌的喷灌系统，宜采用低仰角喷头。

（2）管及管件。管及管件应使其工作压力符合喷灌系统设计工作压力的要求。

（3）水泵。水泵应满足喷灌系统设计流量和设计水头的要求。水泵应在高效区运行。对于采用多台水泵的恒压喷灌泵站来说，所选各泵的流量－扬程曲线，在规定的恒压范围内应能相互搭接。

（4）喷灌机。喷灌机应根据灌区的地形、土壤、作物等条件进行选择，并满足系统设计要求。

2. 水源工程

喷灌渠道宜作防渗处理。行喷式喷灌系统，其工作渠内水深必须满足水泵吸水要求；定喷式喷灌系统，其工作渠内水深不能满足要求时，应设置工作池。工作地尺寸应满足水泵正常吸水和清淤要求；对于兼起调节水量作用的工作池，其容积应通过水量平衡计算确定。

机行道应根据喷灌机的类型在工作渠旁设置。对于平移式喷灌机，其机行道的路面应平直、无横向坡度；若主机跨渠行进，渠道两旁的机行道，其路面高程应相等。

喷灌系统中的暗渠或暗管在交叉、分支及地形突变处应设置配水井，其尺寸应满足清淤、检修要求，在水泵抽水处应设置工作井，其尺寸应满足清淤、检修

及水泵正常吸水要求。

3. 泵站

自河道取水的喷灌泵站，应满足防积淤、防洪水和防冲刷的要求。设置的水泵（及动力机）数宜为2～4台。当系统设计流量较小时，可只设置一台水泵（及动力机），但应配备足够数量的易损零件。喷灌泵站不宜设置备用泵（及动力机）。

泵站的前池或进水池内应设置拦污栅，并应具备良好的水流条件。前池水流平面扩散角：对于开敞型前池，应小于40°；对于分室型前池，各室扩散角应不大于20°，总扩散角不宜大于60°。前池底部纵坡不应大于1/5。进水池容积应按容纳不少于水泵运行5min的水量确定。

水泵吸水管直径应不小于水泵口径。当水泵可能处于自灌式充水时，其吸水管道上应设检修阀。水泵的安装高程，应根据减少基础开挖量，防止水泵产生汽蚀，确保机组正常运行的原则，经计算确定。水泵和动力机基础的设计，应按现行《动力机器基础设计规范》（GB 50040—1996）的有关规定执行。

泵房平面布置及设计要求，可按现行《室外给水设计规范》（GB 50013—2006）的有关规定执行。对于半固定管道式或移动管道式喷灌系统，当不设专用仓库时，应在泵房内留出存放移动管道的面积。

出水管的设置，每台水泵宜设置一根，其直径不应小于水泵出口直径。当泵站安装多台水泵且出水管线较长时，出水管宜并联，并联后的根数及直径应合理确定。泵站的出水池，水流应平顺，与输水渠应采用渐变段连接。渐变段长度，应按水流平面收缩角不大于50°确定。出水池和渐变段应采用混凝土或浆砌石结构，输水渠首应采用砌体加固。出水管口应设在出水池设计水位以下。出水管口或池内宜设置断流设施。

装设柴油机的喷灌泵站，应设置能够储存10～15d燃料油的储油设备。喷灌系统的供电设计，可按现行电力建设的有关规范执行。

4. 管网

（1）喷灌管道的布置应符合喷灌工程总体设计的要求。应使管道总长度短，有利于水锤的防护。还要满足各用水单位的需要，管理方便，有利于组织轮灌和迅速分散流量。在垄作田内，应使支管与作物种植方向一致。在丘陵山区，应使支管沿等高线布置。在可能的条件下，支管宜垂直于主风向。管道的纵剖面应力求平顺，减少折点；有起伏时应避免产生负压。

（2）自压喷灌系统的进水口和机压喷灌系统的加压泵吸水管底端，应分别设置拦污栅和滤网。

（3）在各级管道的首端应设进水阀或分水阀，在连接地埋管和地面移动管的出地管上，应设给水栓。当管道过长或压力变化过大时，应在适当位置设置节制阀。在地埋管道的阀门处应建阀门井。

（4）在管道起伏的高处应设排气装置；对自压喷灌系统，在进水阀后的干管上应设通气管，其高度应高出水源水面高程。在管道起伏的低处及管道末端应设泄水装置。

（5）固定管道的末端及变坡、转弯和分叉处宜设镇墩。当温度变化较大时，宜设伸缩装置。固定管道应根据地形、地基、直径、材质等条件来确定其敷设坡度以及对管基的处理。

（6）在管网压力变化较大的部位，应设置测压点。

（7）地埋管道的埋设深度应根据气候条件、地面荷载和机耕要求等确定。

【新手必懂知识】喷灌工程施工

1. 喷灌施工的要求

喷灌施工的要求见表3-29。

表3-29 喷灌施工的要求

要求	内容
一般规定	（1）喷灌工程施工、安装应按已批准的设计进行，修改设计或更换材料设备应经设计部门同意，必要时需经主管部门批准 （2）工程施工，应符合下列程序和要求： 1）施工放样：施工现场应设置施工测量控制网，并将它保存到施工完毕；应定出建筑物的主轴线或纵横轴线、基坑开挖线与建筑物轮廓线等；应标明建筑物主要部位和基坑开挖的高程 2）基坑开挖：必须保证基坑边坡稳定。若基坑挖好后不能进行下道工序，应预留15～30cm土层不挖，待下道工序开始前再挖至设计标高 3）基坑排水：应设置明沟或井点排水系统，将基坑积水排走 4）基础处理：基坑地基承载力小于设计要求时，必须进行基础处理 5）回填：砌筑完毕，应待砌体砂浆或混凝土凝固达到设计强度后回填；回填土应干湿适宜，分层夯实，与砌体接触密实 （3）在施工过程中，应做好施工记录。对于隐蔽工程，必须填写《隐蔽工程记录》，经验收合格后方能进入下道工序施工。全部工程施工完毕后应及时编写竣工报告
泵站施工	（1）泵站机组的基础施工，应符合下列要求：基础必须浇筑在未经松动的基坑原状土上，当地基土的承载力小于0.05μPa时，应进行加固处理；基础的轴线及需要预埋的地脚螺栓或二期混凝土预留孔的位置应正确无误；基础浇筑完毕拆模后，应用水平尺校平，其顶面高程应正确无误 （2）中心支轴式喷灌机的中心支座采用混凝土基础时，应按设计要求在安装前浇筑好。浇筑混凝土基础时，在平地上，基础顶面应呈水平；在坡地上，基础顶面应与坡面平行 （3）中心支轴式喷灌机中心支座的基础与水井或水泵的相对位置不得影响喷灌机的拖移。当喷灌机中心支座与水泵相距较近时，水泵出水口与喷灌机中心线应保持一致

（续）

要　求	内　容
管网施工	（1）管道沟槽开挖，应符合下列要求： 1）应根据施工放样中心线和标明的槽底设计标高进行开挖，不得挖至槽底设计标高以下。如局部超挖则应用相同的土壤填补夯实至接近天然密实度。沟槽底宽应根据管道的直径与材质及施工条件确定 2）沟槽经过岩石、卵石等容易损坏管道的地方应将槽底至少再挖15cm，并用砂或细土回填至设计槽底标高 3）管子接口槽坑应符合设计要求 （2）沟槽回填应符合下列要求： 1）管及管件安装完毕，应填土定位，经试压合格后尽快回填 2）回填前应将沟槽内一切杂物清除干净，积水排净 3）回填必须在管道两侧同时进行，严禁单侧回填，填土应分层夯实 4）塑料管道应在地面和地下温度接近时回填；管周填土不应有直径大于2.5cm的石子及直径大于5cm的土块，半软质塑料管道回填时还应将管道充满水，回填土可加水灌筑

2. 设备安装

（1）一般规定。

1）喷灌系统设备安装应具备的下列条件：

① 安装人员已经了解设备性能，熟悉安装要求。

② 安装用的工具、材料已准备齐全，安装用的机具经检查确认安全可靠。

③ 与设备安装有关的土建工程已经验收合格。

④ 待安装的设备已按设计核对无误，检验合格，内部清理干净，不存杂物。

2）设备检验应按下列要求进行：

① 按设计要求核对设备数量、规格、材质、型号和连接尺寸，并应进行外观质量检查。

② 对喷头、管及管件进行抽检，抽检数量不少于3件，抽检不合格，再取双倍数量的抽查件进行不合格项目的复测。复测结果如仍有一件不合格，则全批作为不合格。

③ 检验用的仪器、仪表和量具均应具备计量部门的检验合格证。

④ 检验记录应归档。

3）埋地管道安装应符合下列要求：

① 管道安装不得使用木垫、砖垫或其他垫块，不得安装在冻结的土基上。

② 管道安装宜按从低处向高处，先干管后支管的顺序进行。

③ 管道吊运时，不得与沟壁或槽底相碰撞。

④ 管道安装时，应排净沟槽积水，管底与管基应紧密接触。

⑤ 脆性管材和塑料管穿越公路或铁路应加套管或筑涵洞保护。

4）安装带有法兰的阀门和管件时，法兰应保持同轴、平行，保证螺栓自由穿入，不得用强紧螺栓的方法消除歪斜。

5）管道安装分期进行或因故中断时，应用堵头将敞口封闭。

6）在设备安装过程中，应随时进行质量检查，不得将杂物遗留在设备内。

（2）机电设备安装。直联机组安装时，水泵与动力机必须同轴，联轴器的端面间隙应符合要求。非直联卧式机组安装时，动力机和水泵轴心线必须平行，皮带轮应在同一平面，且中心距符合设计要求。柴油机的排气管应通向室外，且不宜过长。电动机的外壳应接地，绝缘应符合标准。电气设备应按接线图进行安装，安装后应进行对线检查和试运行。中心支轴式、平移式喷灌机必须按照说明书规定进行安装调试，并由专门技术人员组织实施。

机械设备安装的有关具体质量要求，应符合现行《机械设备安装工程施工及验收通用规范》（GB 50231—2009）的规定。

3. 喷灌管道及管道附件安装

（1）喷灌管道安装方法见表3-30。

表3-30　喷灌管道安装方法

步　骤	内　容
孔洞的预留与套管的安装	在绿地喷灌及其他设施工程中，地层上安装管道应在钢筋绑扎完毕时进行。工程施工到预留孔部位时，参照模板标高或正在施工的毛石、砖砌体的轴线标高确定孔洞模具的位置，并加以固定。遇到较大的孔洞，模具与多根钢筋相碰时，须经土建技术人员校核，采取技术措施后进行安装固定。临时性模具应便于拆除，永久性模具应进行防腐处理。预留孔洞不能适应工程需要时，要进行机械或人工打孔洞，尺寸一般比管径大两倍左右。钢管套管应在管道安装时及时套入，放入指定位置，调整完毕后固定。铁皮套管在管道安装时套入
管道穿基础或孔洞、地下室外墙的套管安装	管道穿基础或孔洞、地下室外墙的套管要预留好，并校验是否符合设计要求。室内装饰的种类确定后，可以进行室内地下管道及室外地下管道的安装。安装前对管材、管件进行质量检查并清除污物，按照各管段排列顺序、长度，将地下管道试安装，然后动工，同时按设计的平面位置、与墙面间的距离分出立管接口
立管的安装	应在土建主体的基础上完成。沟槽按设计位置和尺寸留好。检验沟槽，进行立管安装，栽立管卡，封沟槽
横支管安装	在立管安装完毕、卫生器具安装就位后，可进行横支管安装

（2）喷灌管架制作安装。

喷灌管架制作安装步骤如下：

放样：在正式施工或制造之前，制作成所需要的管架模型，作为样品。

画线：检查核对材料；在材料上画出切割、刨、钻孔等加工位置；打孔；标出零件编号等。

截料：将材料按设计要求进行切割。钢材截料的方法有氧割、机切、冲模落

料和锯切等。

平直：利用矫正机将钢材的弯曲部分调平。

钻孔：将经过面线的材料利用钻机在作有标记的位置制孔。有冲击和旋转两种制孔方式。

拼装：把制备完成的半成品和零件按图样的规定，装成构件或部件，经过焊接或铆接等工序使之成为整体。

焊接：将金属熔融后对接为一个整体构件。

成品矫正：不符合质量要求的成品经过再加工后达到标准，即为成品矫正。一般有冷矫正、热矫正和混合矫正三种。

（3）金属管道安装。

1）一般规定。

① 金属管道安装前应进行外观质量和尺寸偏差检查，并宜进行耐水压试验，其要求应符合《低压流体输送用焊接钢管》（GB/T 3091—2008）、《喷灌用金属薄壁管及管件》（GB/T 24672—2009）等现行标准的规定。

② 镀锌钢管安装应按现行《工业金属管道工程施工规范》（GB 50235—2010）执行。

③ 镀锌薄壁钢管、铝管及铝合金管安装，应按安装使用说明书的要求进行。

2）铸铁管安装。

安装前，应清除承口内部及插口外部的沥青块、飞刺、铸砂和其他杂质；用小锤轻轻敲打管子，检查有无裂缝；如有裂缝，应予更换。

铺设安装时，对口间隙、承插口环形间隙及接口转角，应符合表3-31的规定。

表3-31 对口间隙、承插口环形间隙及接口转角值

名称	对口最小间隙/mm	对口最大间隙/mm		承口标准环形间隙/mm				每个接口允许转角/（°）
		DN100～DN250	DN300～DN350	DN100～DN200		DN250～DN350		
				标准	允许偏差	标准	允许偏差	
沿直线铺设安装	3	5	6	10	+3 −2	11	+4 −2	—
沿曲线铺设安装	3	7～13	10～14	—	—	—	—	2

注：DN为管公称内径。

安装后，承插口应填塞，填料可采用膨胀水泥、石棉水泥和油麻等。采用膨胀水泥和石棉水泥时，填塞深度应为接口深度的1/2～2/3；填塞时应分层捣实、压平，并及时湿养护。采用油麻时，应将麻拧成辫状填入，麻辫中麻段搭接长度应为0.1～0.15m。麻辫填塞时应仔细打紧。

（4）塑料管道安装要求。

1）一般规定。

塑料管道安装前应进行外观质量和尺寸偏差的检查，并应符合《建筑排水用硬聚氯乙烯（PVC－U）管材》（GB/T 5836.1—2006）、《喷灌用低密度聚乙烯管材》（QB/T 3803—1999）等现行标准的规定。对于涂塑软管，不应有划伤、破损，不得夹有杂质。

塑料管道安装前宜进行爆破压力试验，并应符合下列规定：

① 试样长度采用管外径的5倍，但不应小于250mm。

② 测量试样的平均外径和最小壁厚。

③ 按要求进行装配，并排除管内空气。

④ 在1min内迅速连续加压至爆破，读取最大压力值。

⑤ 瞬时爆破环向应力按式：

$$\sigma = P_{\max}\frac{D - e_{\min}}{2e_{\min}} - K_{t}(20 - t)$$

计算，其值不得低于表3-32的规定。

式中　σ——塑料管瞬时爆破环向应力（μPa）；

$P_{\max}$——最大表压力（μPa）；

D——管平均外径（m）；

$e_{\min}$——管最小壁厚（m）；

K_{t}——温度修正系数（μPa/℃）；硬聚氯乙烯为0.625，共聚聚丙烯为0.30，低密度聚乙烯为0.18；

t——试验温度（℃），一般为5～35℃。

⑥ 对于涂塑软管，其爆破压力不得低于表3-33的规定。

表3-32　塑料管瞬时爆破环向应力σ值

名　称	硬聚氯乙烯管	聚丙烯管	低密度聚乙烯管
σ/μPa	45	22	9.6

表3-33　涂塑软管爆破压力值

工作压力/μPa	爆破压力/μPa
0.4	1.3
0.6	1.8

2）塑料管黏结要求。

黏结前：按设计要求，选择合适的胶粘剂；按黏结技术要求，对管或管件进行预加工和预处理；按黏结工艺要求，检查配合间隙，并将接头去污、打毛。

黏结时：管轴线应对准，四周配合间隙应相等；胶粘剂涂抹长度应符合设计规定；胶粘剂涂抹应均匀，间隙应用胶粘剂填满，并有少量挤出。

黏结后：固化前管道不应移位；使用前应进行质量检查。

3）塑料管翻边连接要求。

连接前：翻边前应将管端锯正、锉平、洗净、擦干；翻边应与管中心线垂直，尺寸应符合设计要求；翻边正反面应平整，并能保证法兰和螺栓或快速接头能自由装卸；翻边根部与管的连接处应熔合完好，无夹渣、穿孔等缺陷；飞边、毛刺应剔除。

连接时：密封圈应与管同心；拧紧法兰螺栓时扭力应符合标准，各螺栓受力应均匀。

连接后：法兰应放入接头坑内；管道中心线应平直，管底与沟槽底面应贴合良好。

4）塑料管套筒连接要求。

连接前：配合间隙应符合设计和安装要求；密封圈应装入套筒的密封槽内，不得有扭曲、偏斜现象。

连接时：管子插入套筒深度应符合设计要求；安装困难时，可用肥皂水或滑石粉作润滑剂；可用紧线器安装，也可隔一木块轻敲打入。

连接后：密封圈不得移位、扭曲、偏斜。

5）塑料管热熔对接要求。

对接前：热熔对接管子的材质、直径和壁厚应相同；按热熔对接要求对管子进行预加工，清除管端杂质、污物；管端按设计温度加热至充分塑化而不烧焦；加热板应清洁、平整、光滑。

对接时：加热板的抽出及两管合拢应迅速，两管端面应完全对齐；四周挤出的树脂应均匀；冷却时应保持清洁。自然冷却应防止尘埃侵入；水冷却应保持水质清净。

对接后：两管端面应熔接牢固，并按10%进行抽检；若两管对接不齐应切开重新加工对接；完全冷却前管道不应移动。

（5）水泥制品管道安装要求。

1）一般规定。水泥制品管道安装前应进行外观质量和尺寸偏差的检查，并应进行耐水压试验，其要求应符合相关规范的规定。

2）安装时要求。

① 承口应向上；套胶圈前，承插口应刷净，胶圈上不得黏有杂物，套在插口上的胶圈不得扭曲、偏斜；插口应均匀进入承口，回弹就位后，应保持对口间隙 10～17mm。

② 在沟槽土壤或地下水对胶圈有腐蚀性的地段，管道覆土前应将接口封闭。

3）水泥制品配用金属管应进行防锈、防腐处理。

（6）螺纹阀门安装方法见表 3-34。

表 3-34　螺纹阀门安装方法

项　目	内　容
螺纹阀门安装	（1）场内搬运：从机器制造厂把机器搬运到施工现场的过程。在搬运中注意人身和设备安全，严格遵守操作规范，防止意外事故发生及机器损坏、缺失 （2）外观检查：外观检查是从外观上观察，看机器设备有无损伤、油漆剥落、裂缝、松动及不固定的地方，并及时更换、检修缺损之处
螺纹法兰阀门安装	（1）加垫：加垫指在阀门安装时，因为管材和其他方面的原因，在螺纹固定时，需要垫上一定形状或大小的铁或钢垫，这样有利于固定和安装。垫料要按不同情况而定，其形状因需要而定，确保加垫之后，安装连接处没有缝隙 （2）螺纹法兰：螺纹法兰即螺纹方式连接的法兰。这种法兰与管道不直接焊接在一起，而是以管口翻边为密封接触面，套法兰起紧固作用，多用于铜、铅等有色金属及不锈耐酸管道上。其最大优点是法兰穿螺栓时非常方便，缺点是不能承受较大的压力。也有的是用螺纹与管端连接起来，有高压和低压两种。它的安装执行活头连接项目
焊接法兰阀门安装	（1）螺栓：在拧紧过程中，螺母朝一个方向（一般为顺时针）转动，直到不能再转动为止，有时还需要在螺母与钢材间垫上一垫片，有利于拧紧，防止螺母与钢材磨损及滑丝 （2）阀门安装：阀门是控制水流、调节管道内的水重和水压的重要设备。阀门通常放在分支管处、穿越障碍物和过长的管线上。配水干管上装设阀门的距离一般为 400～1000m，并不应超过 3 条配水支管。阀门一般设在配水支管的下游，以便关阀门时不影响支管的供水。在支管上也设阀门。配水支管上的阀门不应隔断 5 个以上消防栓。阀门的口径一般和水管的直径相同。给水用的阀门包括闸阀和蝶阀

（7）水表安装及注意事项。

1）水表的类型。水表是一种计量建筑或设备用水的仪表。室内给水系统广泛使用的是流速式水表。流速式水表是在管径一定时，通过水表的水流速度与流量成正比的原理来量测的。典型的流速式水表有旋翼式水表和螺翼式水表两种，具体内容见表 3-35。

表 3-35 流速式水表类型及特点

类 型	特 点
旋翼式水表	按计数机件所处的状态分为干式和湿式两种。干式水表的计数机件和表盘与水隔开，湿式水表的计数机件和表盘浸没在水中，机件较简单，计量较准确，阻力比干式水表小，应用较广泛，但只能用于水中无固体杂质的横管上。湿式旋翼式水表，按材质分为塑料表与金属表等
螺翼式水表	依其转轴方向分为水平螺翼式和垂直螺翼式两种，前者又分为干式和湿式两类，但后者只有干式一种。湿式叶轮水表技术规格有具体规定

2）水表安装时的注意事项。

① 表外壳上所指示的箭头方向与水流方向一致。

② 水表前后需装检修门，以便拆换和检修水表时关断水流。

③ 对于不允许断水或设有消防给水系统的，还需在设备旁设水表检查水龙头（带旁通管和不带旁通管的水表）。

④ 水表安装在查看方便、不受暴晒、不致冻结和不受污染的地方。

⑤ 一般设在室内或室外的专门水表井中，室内水表井及安装在资料上有详细图示说明。

⑥ 为了保证水表计量准确，螺翼式水表的上游端应有 8 ~ 10 倍水表公称直径的直径管段；其他类型水表的前后应有不小于 300mm 的直线管段。

⑦ 水表直径的选择如下：对于不均匀的给水系统，以设计流量选定水表的额定流量，来确定水表的直径；用水均匀的给水系统，以设计流量选定水表的额定流量，确定水表的直径；对于生活、生产和消防统一的给水系统，以总设计流量不超过水表的最大流量决定水表的直径。住宅内的单户水表，一般采用公称直径为 15mm 的旋翼式湿式水表。

4. 喷灌管道水压试验

（1）一般规定。施工安装期间应对管道进行分段水压试验，施工安装结束后应进行管网水压试验。试验结束后，均应编写水压试验报告。对于较小的工程可不做分段水压试验。水压试验应选用 0. 35 级或 0. 4 级标准压力表，被测管网应设调压装置。水压试验前应进行下列准备工作。

1）检查整个管网的设备状况：阀门启闭应灵活，开度应符合要求；排、进气装置应通畅。

2）检查地埋管道填土定位情况：管道应固定，接头处应显露并能观察清楚渗水情况。

3）通水冲洗管道及附件：按管道设计流量连续进行冲洗，直到出水口水的颜色与透明度和进水口处目测一致。

（2）耐水压试验。进行耐水压试验时，管道试验段长度不宜大于1000m。管道注满水后，金属管道和塑料管道经24h、水泥制品管道经48h后，方可进行耐水压试验。试验宜在环境温度5℃以上进行，否则应有防冻措施，试验压力不应小于系统设计压力的1.25倍。试验时升压应缓慢，达到试验压力后，保压10min，无泄漏、无变形即为合格。

（3）渗水量试验。在耐水压试验保压10min期间，如压力下降大于0.05MPa，则应进行渗水量试验。

试验时应先充水，排净空气，然后缓慢升压至试验压力，立即关闭进水阀门，记录下降0.1μPa压力所需的时间T_1（min）；再将水压升至试验压力，关闭进水阀并立即开启放水阀，往量水器中放水，记录下降0.1MPa压力所需的时间T_2（min），测量在T_2时间内的放水量W（L），按式：

$$q_B = \frac{W}{T_1 - T_2} \frac{1000}{L}$$

计算实际渗水量。

式中 q_B——1000m长管道实际渗水量（L/min）；

L——试验管段长度（m）。

允许渗水量按下式计算：

$$q_B = K_B \sqrt{d}$$

式中 q_B——1000m长管道实际渗水量（L/min）；

K_B——渗水系数；钢管为0.05，硬聚氯乙烯管、聚丙烯管为0.08，铸铁管为0.10，聚乙烯管为0.12，钢筋混凝土管、钢丝网水泥管为0.14。

实际渗水量小于允许渗水量即为合格；实际渗水量大于允许渗水量时，应修补后重测，直至合格为止。

5. 喷灌工程验收

（1）一般规定。喷灌工程验收前应提交下列文件：全套设计文件、施工期间验收报告、管道水压试验报告、试运行报告、工程决算报告、运行管理办法、竣工图样和竣工报告。对于较小的工程，验收前只需提交设计文件、竣工图样和竣工报告。

（2）施工期间验收。喷灌系统的隐蔽工程，必须在施工期间进行验收，合格后方可进行下道工序。

施工期间验收应检查水源工程、泵站及管网的基础尺寸和高程，预埋铁件和地脚螺栓的位置及深度，孔、洞、沟以及沉陷缝、伸缩缝的位置和尺寸等是否符

合设计要求；地埋管道的沟槽深度、底宽、坡向及管基处理，施工安装质量等是否符合设计要求和规范的规定，并应对管道进行水压试验。隐蔽工程检查合格后，应有签证和验收报告。

（3）竣工验收。竣工验收的内容包括：审查技术文件是否齐全、正确；检查土建工程是否符合设计要求和规范的规定；检查设备选择是否合理，安装质量是否达到规范的规定，并应对机电设备进行启动试验；进行全系统的试运行，并宜对各项技术参数进行实测。

竣工验收结束后，应编写竣工验收报告。

【新手必懂知识】微灌喷洒工程

微灌喷洒供水系统用于园林浇水，技术来源于经济作物种植，如种植蔬菜、果树、花卉浇水和施肥。微灌喷洒供水系统与固定式喷洒供水系统相比，具有低压节能、节水和高效率等优点。近年来已在我国一些大城市的街心花园及园林景观工程中得到了推广应用。

1. 系统的分类

微灌喷洒供水系统根据其灌水器出流方式不同，有滴灌、微灌和涌泉之分，如图 3-3 所示。这类供水系统是由水源、枢纽设备、输配管网和灌水器组成，如图 3-4 所示。

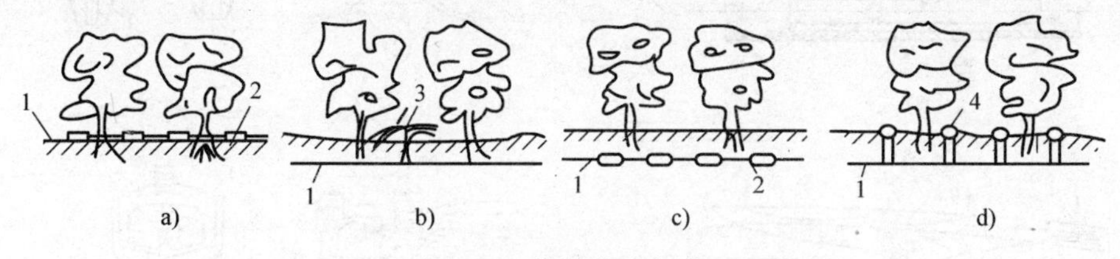

图 3-3 微灌出流方式
a）滴灌 b）微喷灌 c）地下滴灌 d）涌泉灌
1—分支管 2—滴头 3—微喷头 4—涌泉器

2. 系统供水形式

园林微灌喷洒供水系统的水源可取自城市自来水或园林附近的地下水、地面水。当水源取自城市自来水时，枢纽设备仅为水泵、贮水池（包括吸水井）及必要的施肥罐等。当水源为园林附近的地面水，则根据水质悬浮固体情况除应有贮水池、泵房、水泵、施肥罐外，还应设置过滤设施。

3. 供水管的布置

微灌喷洒供水系统的输配管网有干管、支管和分支管之分，干、支管可埋在

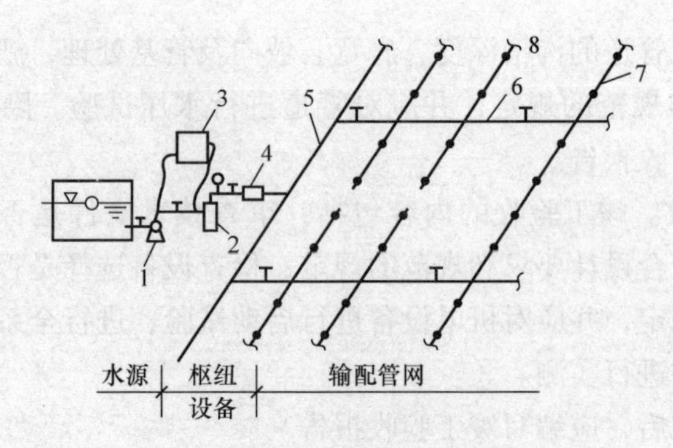

图 3-4　微灌喷洒供水系统示意图

1—水泵　2—过滤装置　3—施肥罐　4—水表　5—干管　6—支管　7—分支管　8—出流灌水器

地下，专用于输配水量，而分支管将根据情况置于地下置于地上，但出流灌水器宜置于地面上，以避免植物根须堵塞出流孔。

4. 出流水器布置

微灌出流灌水器有滴头、微喷头、涌水口和滴灌带等多种类型，其出流可形成滴水、漫射、喷水和涌泉。如图 3-5 所示为几种常见的微灌出流灌水器。

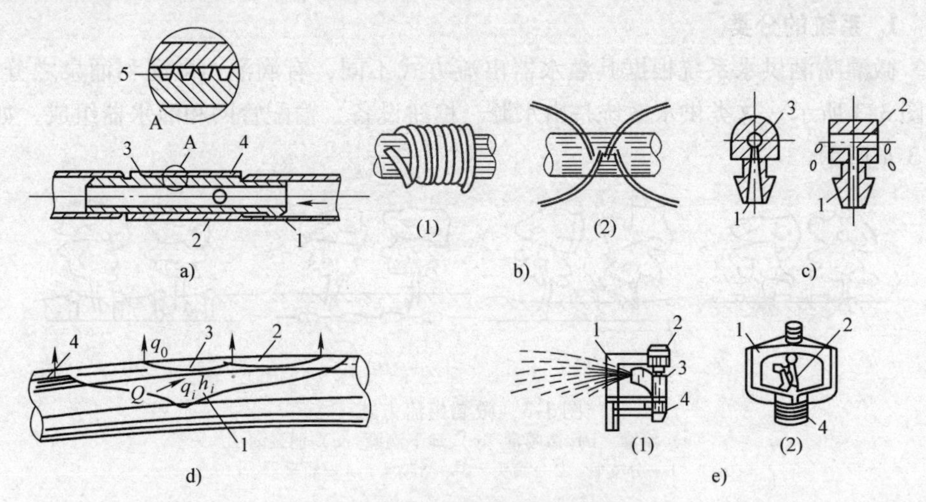

图 3-5　几种常见的微灌出流灌水器

a）内螺纹管式滴头

1—毛管　2—滴头　3—滴头出水口　4—滴头进水口　5—螺纹流道槽

b）微管灌水器

（1）缠绕式；（2）直线散放式

c）孔口滴头构造示意图

1—进口　2—出口　3—横道出水道

d）双腔毛管

1—内管腔　2—外管腔　3—出水孔　4—配水孔

e）射流旋转式微喷头

（1）LWP 两用微喷头；（2）W_2 型喷头

1—支架　2—散水锥　3—旋转臂　4—接头

分支管上出流灌水器布置，如图 3-6 所示，可布置成单行或双行，也可成环形布置。

微灌喷洒供水系统水力计算内容与固定或喷洒供水系统相同，在布置完成后选出设备并确定管径。

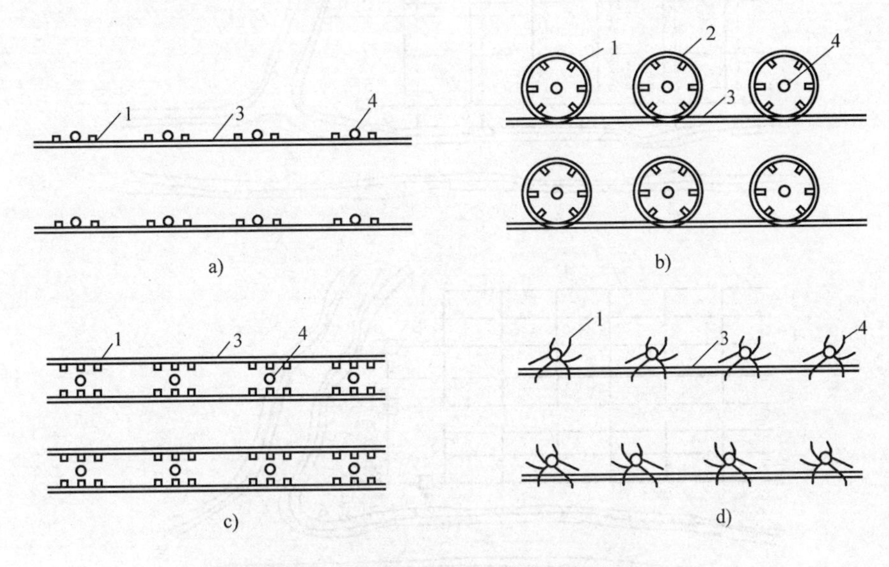

图 3-6　滴灌时毛管与灌水器的布置

a）单行毛管直线布置　b）单行毛管带环状布置

c）双行毛管平行布置　d）单行毛管带微管布置

1—灌水器（滴头）　2—绕树环状管　3—毛管　4—果树

第三节　园林排水工程

【新手必懂知识】园林排水的体制

将园林中的生产废水、生活污水、天然降水和游乐废水从产生地点收集、输送和排放的基本方式，称为排水系统的体制，简称排水体制。排水体制有合流制和分流制两大类，如图 3-7 所示。

1. 分流制排水

这种排水体制的特点是“雨、污分流”。因为雨雪水、园林生产废水、游乐

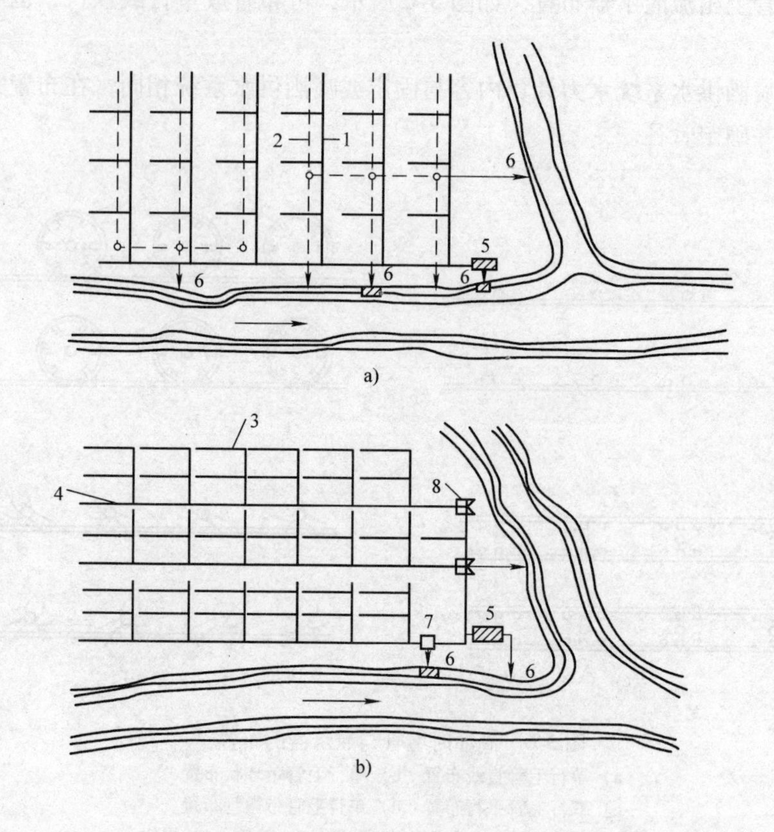

图 3-7 排水系统的体制

a）分流制排水系统 b）合流制排水系统

1—污水管网 2—雨水管网 3—合流制管网 4—截流管

5—污水处理站 6—出水口 7—排水泵站 8—溢流井

废水等污染程度低，不需要净化处理就可以直接排放，为此而建立的排水系统，称为排水系统。为生活污水和其他需要除污净化后才能排放的污水，另外建立的一套独立的排水系统，称为污水排水系统。两套排水管网系统虽然是一同布置，但互不相连，雨水和污水在不同的管网中流动和排除。

2. 合流制排水

排水特点是“雨、污合流”。排水系统只有一套管网，既可以排雨水又可以排污水。一些园林的水体面积较大，水体的自净能力完全能够消化园内有限的生活污水，为了节约排水管网建设的投资，就可以在近期考虑采用合流制排水系统，待以后污染加重了，再改造成分流制系统。这种排水体制已不适于现代城市环境保护的需要，在一般城市排水系统中已不再采用。但是在污染负荷较轻，没有超过自然水体环境的自净能力时，可以酌情采用。

【新手必懂知识】园林排水的方式

1. 地面排水

园林排水中最常用的排水方式是地面排水，即利用地面坡度使雨水汇集，再通过沟谷、涧、山道等加以组织引导，就近排入附近水体或城市雨水管渠。这也是我国大部分公园绿地主要采用的一种方法。此方法经济适用，便于维修，而且景观自然。

地面排水的方式可以归结为5个字，即：拦、阻、蓄、分、导。拦，把地表水拦截于园地或局部之外。阻，在径流流经的路线上设置障碍物挡水，达到消力降速以减少冲刷的作用。蓄，包含两方面含义，一是采取措施使土壤多蓄水，一是利用地表洼处或池塘蓄水，这对干旱地区的园林绿地尤其重要。分，用山石建筑墙体将大股的地表径流利用地面分成多股细流，以减少危害。导，把多余的地表水或造成危害的地表径流利用地面、明沟、道路边沟或地下管及时排放到园内或园外的水体或雨水灌渠中去。

雨水径流对地表的冲刷，是地面排水所面临的主要问题。必须进行合理的安排，采取有效措施防止地表径流冲刷地面，保持水土，维护园林景观。防止地表径流冲刷地面的措施见表3-36。

表3-36 防止地表径流冲刷地面的措施

措施	内容
竖向设计	（1）为减少水土流失，应注意控制地面坡度，使之不至于过陡 （2）为阻碍缓冲经流速度，同一坡度的坡面不宜延伸过长，应该有起伏变化，同时也可以丰富园林地貌景观 （3）用顺等高线的盘山道、谷线等拦截和组织排水
工程措施	（1）“谷方”“挡水石”。地表径流在谷线或山洼处汇集，形成大流速径流，可在汇水线上布置一些山石，借以减缓水流冲力降低流速，以避免其对地表的冲刷，起到保护地表的作用，这些山石就叫“谷方”，需深埋浅露加以稳固；“挡水石”则是布置在山道边沟坡度较大处，作用和布置方式同“谷方”相近 （2）出水口处理。园林中利用地面或明渠排水，在排入园内水体时，出水口应做适当处理以保护岸坡
利用地被植物	地被植物具有对地表径流加以阻碍、吸收以及固土等作用，因而通过加强绿化、合理种植、用植被覆盖地面是防止地表水土流失的有效措施与合理选择

2. 管道排水

在园林中的某些地方，如低洼的绿地、铺装的广场、休息场所及建筑物周围的积水和污水的排除，需要或只能利用铺设管道的方式进行。利用管道排水具有不妨碍地面活动、卫生、美观、排水效率高的优点，但造价高，且检修困难。

3. 沟渠排水

沟渠排水是指利用明沟、盲沟等设施进行的排水方式，具体内容见表3-37。

表3-37 沟渠排水的方式

方式	内容
明沟排水	公园排水用的明沟大多是土质明沟，其断面有梯形、三角形和自然式浅沟等形式，通常采用梯形断面。沟内可植草种花，也可任其生长杂草。在某些地段根据需要也可砌砖、石或混凝土明沟，断面常采用梯形或矩形。明沟的优点是工程费用较少，造价较低，但明沟容易淤积，滋生蚊蝇，影响环境卫生。因此，在建筑物密度较高、交通繁忙的地区，可采用加盖明沟
盲沟排水	盲沟是一种地下排水渠道，又叫暗沟、盲渠。它主要用于排除地下水，降低地下水位。一般适用于一些要求排水良好的全天候的体育活动场地、儿童游戏场地等或地下水位高的地区以及某些不耐水的园林植物生长区等。盲沟排水具有取材方便，可废物利用，造价低廉，不需附加雨水口、检查井等构筑物，地面不留“痕迹”等优点，从而保持了园林绿地草坪及其他活动场地的完整性。对公园草坪的排水尤为适用 常见的布置形式有自然式（树枝式）、截流式、篦式（鱼骨式）和耙式四种形式，如图3-8所示。自然式适用于周边高中间低的山坞状园址地形；截流式适用于四周或一侧较高的园址地形情况；篦式适用于谷地或低洼积水较多处；耙式适用于一面坡的情况

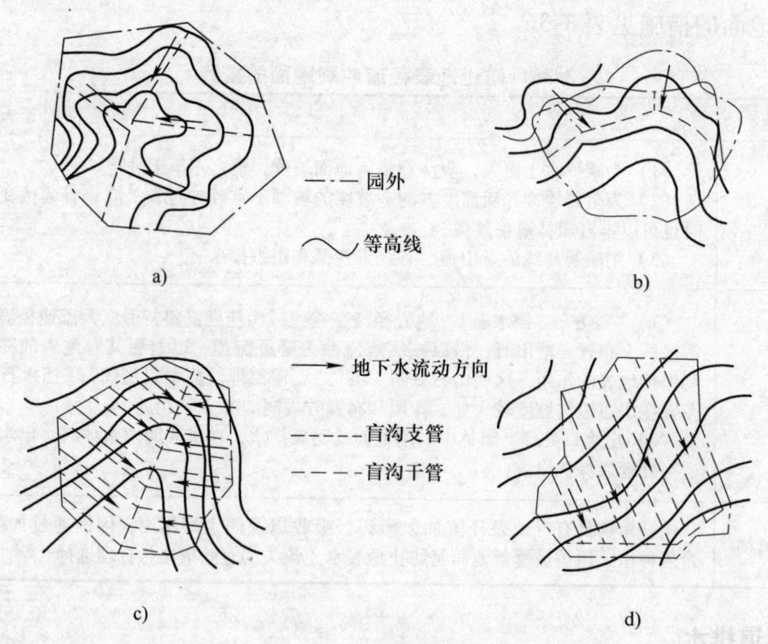

图3-8 盲沟的布置形式

a）自然式 b）截流式 c）篦式 d）耙式

【新手必懂知识】排水工程的组成

园林排水工程的组成包括了从天然降水、废水、污水的收集，输送到污水的处理和排放等一系列过程。从排水工程设施方面来分，主要可以分为两大部分：一是作为排水工程主体部分的排水管渠，其作用是收集、输送和排放园林各处的污水、废水和天然降水；一是污水处理设施，包括必要的水池、泵房等构筑物。但从排水的种类方面来分，园林排水工程则是由雨水和污水两大排水系统部分构成的。

1. 雨水排水系统的组成

园林内的雨水排水系统不只是排除雨水，还要排除园林生产废水和游乐废水。因此，它的基本构成部分就有：汇水坡地、集水浅沟和建筑物的屋面、天沟、雨水斗、竖管、散水；排水明渠、暗沟、截水沟、排洪沟；雨水口、雨水井、雨水排水管网、出水口；在利用重力自流排水困难的地方，还可能设置雨水排水泵站。

2. 污水排水系统的组成

这种排水系统主要是排除园林生活污水，包括室内和室外部分。具体有：室内污水排放设施，如厨房洗物槽、下水管、房屋卫生设备等；除油池、化粪池、污水集水口；污水排水干管、支管组成的管道网；管网附属构筑物，如检查井、连接片、跌水井等；污水处理站，包括污水泵房、澄清池、过滤池、消毒池、清水池等；出水口，是排水管网系统的终端泵站。

3. 合流制排水系统的组成

合流制排水系统只设一套排水管网，其基本组成是雨水系统和污水系统的组合。常见的组合部分是：雨水集水口、室内污水集水口；雨水管渠、污水支管；雨、污水合流的干管和主管；管网上附属的构筑物，如雨水井、检查井、跌水井、截流式合流制系统的截流干管与污水支管交接处所设的溢流井等；污水处理设施，如混凝澄清池、过滤池、消毒池、污水泵房等；出水口。

【新手必懂知识】排水管网的附属构筑物

为了排除污水，除管渠本身外，还需在管渠系统上设置某些附属构筑物。排水管网的附属构筑物主要包括：雨水口、检查井、跌水井、闸门井、倒虹管、出水口。这些附属构筑物的详细内容见表3-38。

表3-38 排水管网的附属构筑物

附属构筑物	内容
雨水口	在雨水管渠或合流管渠上收集雨水的构筑物。用于承接地面水，并将其引入地下雨水管网。一般的雨水井是由基础、井身、井口、井箅几部分构成，如图3-9所示。井身、井口可用混凝土浇筑，也可用砖砌筑。井箅应用铸铁制作，以免过快的锈蚀和保持较高的透水率。雨水井上面要加格栅，格栅一般用铁、木等制成，古典园林中也有用石头制成的，并有优美的图案。雨水井还可以用山石、植物等加以点缀，使之更加符合园林艺术的要求 雨水井应设在地形最低的地方。道路一般每隔200m就要设一个雨水井，并且要考虑到路旁的树木、建筑等的位置。在十字路口设置雨水井要研究纵断面的标高，以及水流的方向。为避免因流速过大而损坏园路，纵断面坡度过大的应缩短雨水口的间距，第一雨水口与分水线距离宜为100～150m 与雨水管或合流制干管的检查井相接时，雨水井支管与干管的水流方向以在平面上呈60°为好，支管的坡度一般不应小于1%。雨水井呈水平方向设置时，为方便雨水的汇集和流入，井箅应略低于周围路面及地面3cm左右，并与路面或地面顺接
检查井	设置检查井是为了便于管道维护人员检查和清理管道。检查井通常设在管渠交汇转弯、管渠尺寸或坡度改变、跌水等处以及相隔一定距离的管渠段上。检查井在直线管渠段上最大间距应符合表3-39要求 检查井的材料主要是砖、石、混凝土或钢筋混凝土，检查井的平面形状一般为圆形，大型管渠的检查井也有矩形或扇形的。检查井的深度取决于井内下游管道的埋深。井口部分应能容纳一个人身体的进出以便于检查人员上、下井室工作
跌水井	设有消能设施的检查井，一般在排水管道某地段的高程落差超过1m时，就需设检查井。目前常用竖管式（或矩形竖槽式）和溢流堰式两种形式，如图3-10所示。竖管式跌水井适用于直径等于或小于400mm的管道，溢流堰式适用于400mm以上的管道 跌水井的井底要考虑对水流冲刷的防护，采取必要的加固措施。当检查井内上、下游管道的高程落差小于1m时，可将井底做成斜坡，不必做成跌水井
闸门井	为避免雨季排水管的倒灌和非雨时期污水对园林水体的污染，也为了调节、控制排水管道内水流的方向与流量，通常在排水管网中或排水泵站的出口处设置闸门井 闸门井由基础、井室和井口组成。如只为防止倒灌，可在闸门井内设活动拍门。活动拍门通常为铁质圆形，只能单向开启。当排水管内无水或水位较低时，活动拍门依靠自重关闭；当水位增高后，由于水流的压力而使拍门开启。若要既控制污水排放又防止倒灌，也可在闸门井内设能够人为启闭的闸门。闸门的启闭方式可以是手动的，也可以是电动的
倒虹管	一般排水管网中的倒虹管是由进水井、下行管、平行管、上行管和出水井等部分构成的，倒虹管采用的最小管径为200mm，管内流速一般为1.2～1.5m/s，同时不得低于0.9m/s，并应大于上游管内流速。平等管与上行管之间的夹角不应小于150°，要保证管内的水流有较好的水力条件，防止管内污物滞留。可在倒虹管进水井之前的检查井内，设一沉淀槽，使部分泥砂污物在此预沉下来以减少管内泥砂和污物淤积
出水口	排水管渠的出水口是雨水、污水排放的最后出口。为保护河岸或池壁及固定出水口的位置，通常在出水口和河道连接部分做护坡或挡土墙，如图3-11所示 在园林工程中，出水口最好设在园内水体的下游末端。为防止倒灌，雨水出水口的设置一般为非淹没式的。当出水口高出水位很多时，应考虑将其设计为多级的跌水式出水口，以降低出水对岸边的冲击力。污水系统的出水口一般布置为淹没式，使污水管口流出的水能够与河湖充分混合，以减轻对水体的污染

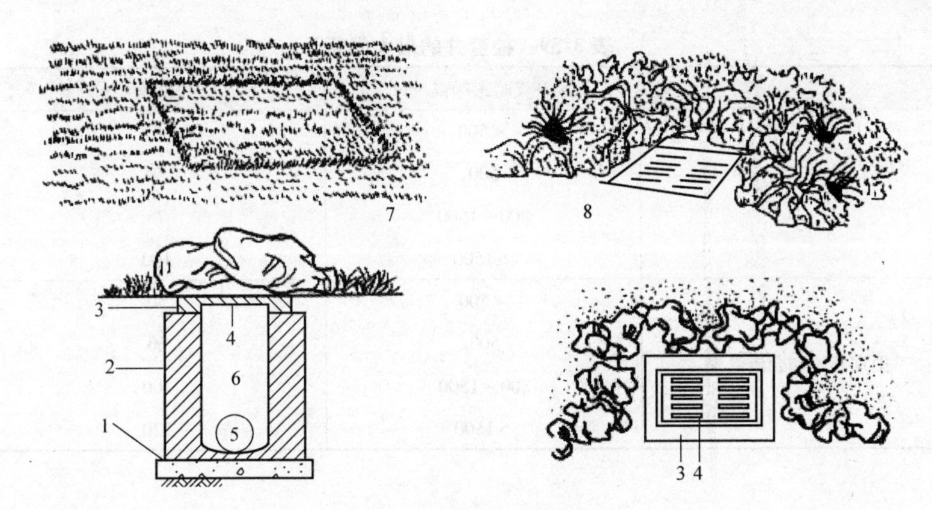

图 3-9　雨水井的构造

1—基础　2—井身　3—井口　4—井箅　5—支管　6—井室　7—草坪窨井盖　8—山石围护雨水井

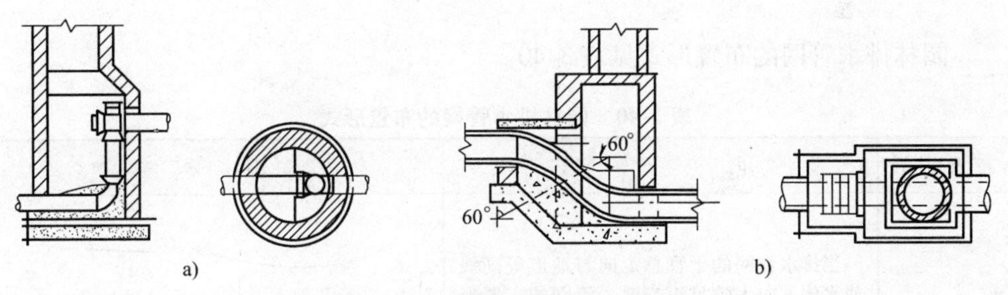

图 3-10　两种形式的跌水井构造

a）竖管式跌水井　b）溢流堰式跌水井

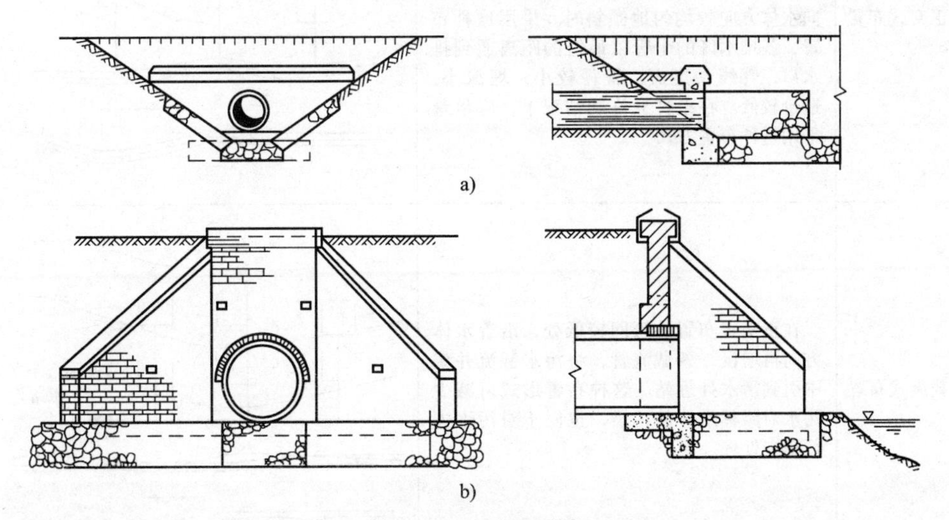

图 3-11　出水口形式

a）一字式出水口　b）八字式出水口

表 3-39　检查井的最大间距

管　　别	管渠或暗渠净高/mm	最大间距/m
污水管道	<500	40
	500	50
	800~1500	75
	>1500	100
雨水管渠和合流管渠	<500	50
	500	60
	800~1500	100
	>1500	120

【新手必懂知识】排水管网的布置形式

园林排水管网的布置形式见表 3-40。

表 3-40　园林排水管网的布置形式

布置形式	内　　容	图　示
正交式布置	当排水管网的干管总走向与地形等高线或水体方向大致呈正交时，管网的布置形式就是正交式。这种布置方式适用于排水管网总走向的坡度接近于地面坡度和地面向水体方向较均匀地倾斜时。采用这种布置，各排水区的干管以最短的距离通到排水口，管线长度短，管径较小，埋深小，造价较低。在条件允许的情况下，应尽量采用这种布置方式	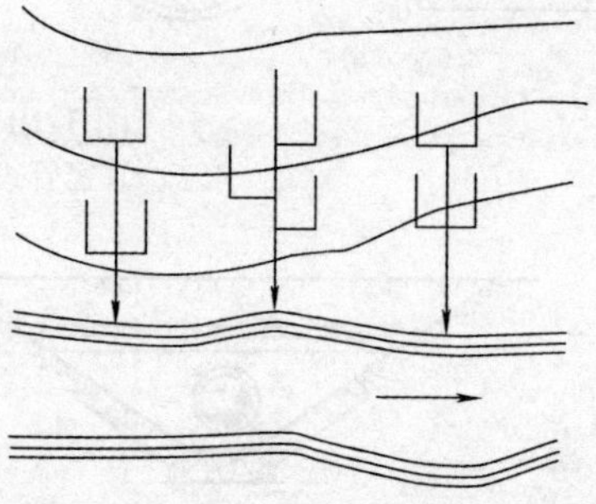
截流式布置	在正交式布置的管网较低处，沿着水体方向再增设一条截流管，将污水截流并集中引到污水处理站。这种布置形式可减少污水对园林水体的污染，也便于对污水进行集中处理	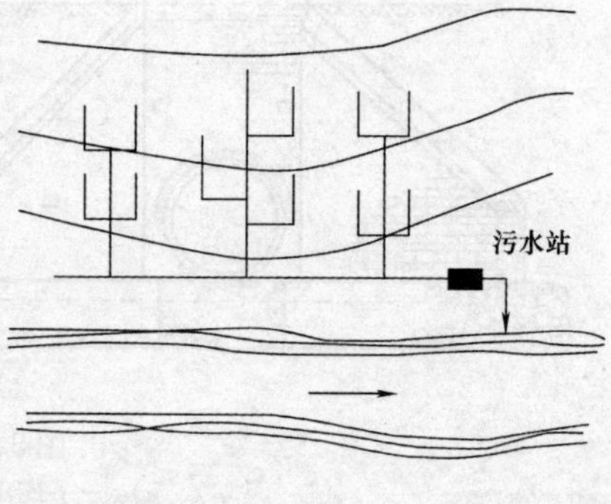 污水站

（续）

布置形式	内　　容	图　　示
平行式布置	在地势向河流湖泊方向有较大倾斜的园林中，为了避免因管道坡度和水的流速过大而造成管道被严重冲刷的现象，可将排水管网的主干管布置成与地面等高线或与园林水体流动方向相平行或夹角很小的状态。这种布置方式又称为平行式布置	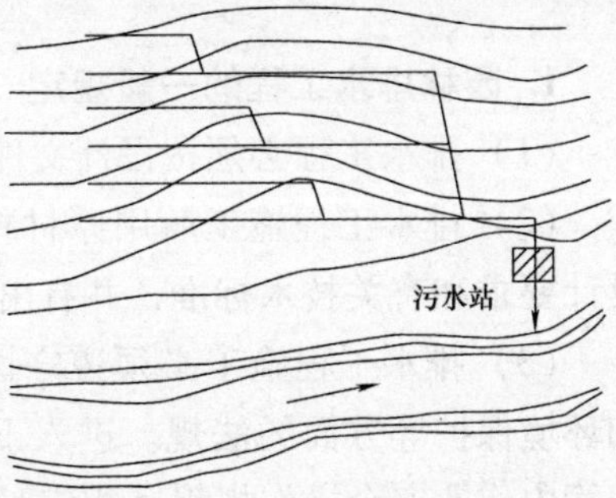 污水站
分区式布置	当规划设计的园林地形高低差别很大时，可分别在高地形区和低地形区各设置独立的、布置形式各异的排水管网系统，这种形式就是分区式布置。低区管网可按重力自流方式直接排入水体的，则高区干管可直接与低区管网连接。如低区管网的水不能依靠重力自流排除，那么就将低区的排水集中到一处，用水泵提升到高区的管网中，由高区管网依靠重力自流方式把水排除	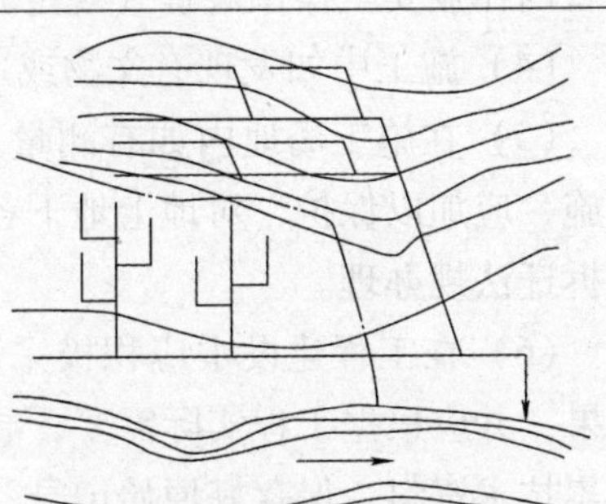
辐射式布置	在用地分散、排水范围较大、基本地形是向周围倾斜的和周围地区都有可供排水的水体时，为了避免管道埋设太深和降低造价，可将排水干管布置成分散的、多系统的、多出口的形式。这种形式又叫分散式布置	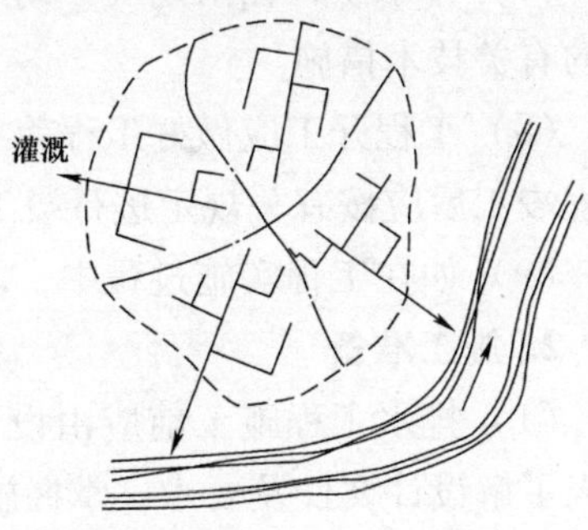 灌溉
环绕式布置	环绕式布置是将辐射式布置的多个分散出水口用一条排水主干管串联起来，使主干管环绕在周围地带，并在主干管的最低点集中布置一套污水处理系统，以便污水的集中处理和再利用	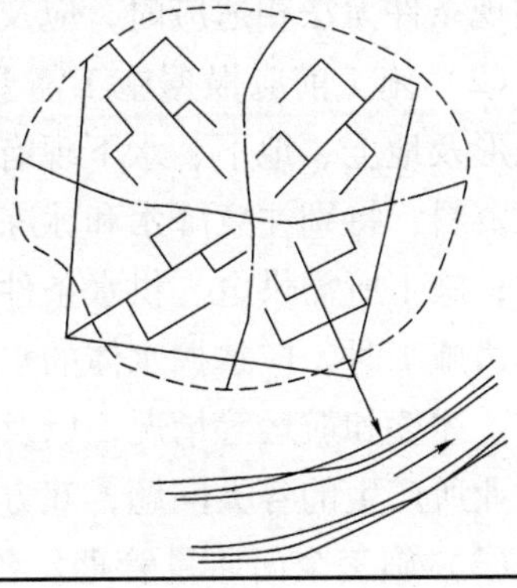

【新手必懂知识】园林排水施工技术

1. 园林排水工程的一般规定

（1）排水工程必须按设计文件和施工图样进行施工。

（2）排水工程施工所用原材料和半成品、成品、设备及有关配件必须符合设计要求和有关技术标准，并有出厂合格证。

（3）排水工程施工必须遵守国家和地方有关交通、安全、劳动保护、防火和环境保护等方面的法规。进入下水道管内作业（包括新旧管道）都要严格遵守管内作业安全操作规程（规定）。

（4）施工中如发现有文物或古墓等，应妥善保护，并应报请有关部门处理。

（5）在施工场地内如有测量用的永久性标桩或地质、地震部门设置的观测设施，应加以保护，对地上地下各种设施及建筑如需要拆迁或加固时，要按照城市拆迁法规办理。

（6）在工程建设中应积极采用新工艺、新材料，应使用经过试验、鉴定的成果，并应根据工程实际需要，制订相应的操作规程、质量指标，施工过程中应积累技术资料，保存好原始记录，工程竣工后要进行实测反馈技术数据。

（7）排水工程在雨期及冬期施工时应遵守有关规定及施工组织设计（方案）中的有关技术措施。

（8）工程开工应做好工程前期工作，工程进行中应遵守各项技术规章制度，工程竣工后应按有关规定进行竣工验收。

（9）如在工程实施过程中，需要补充修订本规程，由原主编单位核定。

2. 施工准备

（1）排水工程施工前应由设计单位进行设计交底和现场交桩，施工单位应深入了解设计文件及要求，掌握施工特点及重点。如发现设计文件有错误或与施工实现条件无法相适应时，应及时与设计单位和建设单位联系解决。

（2）施工前应根据施工需要进行调查研究，充分掌握下列情况和资料：现场地形及地上、地下、水下现有建筑物的情况；工程地质和水文地质有关资料；气象资料，特别注意降水和冰冻资料；工程用地情况，交通运输条件及施工排水条件；施工所需供电、供水条件；工程施工机械和工程材料供应落实；在水体中或岸边施工时，应掌握水体的水位、流速、流量、潮汐、浪高、冲刷、淤积、漂浮物、冰凌和航运等情况，以及有关管理部门的法规和对施工的要求；排水工程与农业所产生的各类问题，双方应事先签订协议后才能施工。

（3）施工全面质量管理。各项工程每道工序的施工操作都必须严格控制质

量，严格贯彻执行小组自检、互检、工序交接验收、隐蔽工程验收、竣工验收等制度，上道工序不合格时，不得进行下道工序的施工。施工全面质量管理是提高工程质量的有力措施和保证。

3. 排水管道敷设

（1）排水管道敷设的相关规定。

1）排水管道敷设内容。普通平口、企口、承插口混凝土管安装。其中包括浇筑平基、安管、接口、浇筑管座混凝土、闭水闭气试验、支管连接等工序。

2）铺设所用管材要求。铺设所用的混凝土管、钢筋混凝土管及缸瓦管必须符合质量标准并具有出厂合格证，不得有裂纹，管口不得有残缺。

3）刚性基础、刚性接口管道安装方法。

普通法：即平基、安管、接口、管座四道工序分四步进行。

四合一法：即平基、安管、接口、管座四道工序连续操作，以缩短施工周期，管道结构整体完好。

前三合一法：即将平基、安管、接口三道工序连续操作。待闭水（闭气）试验合格后，再浇筑混凝土管座。

后三合一法：即先浇筑平基，待平基混凝土达到一定强度后，再将安管、接口、浇筑管座混凝土三道工序连续进行。

如不采用四合一与后三合一铺管法时，做完接口，经闭水或闭气检验合格后，方能进行浇筑混凝土包管。

4）管材。管材必须具有出厂合格证，管材进场后，在下管前应做外观检查（裂缝、缺损、麻面等）。采用水泥砂浆抹带应对管口作凿毛处理（小于 ϕ800mm 外口做处理，等于或大于 ϕ800mm 里口做处理）。

5）倒撑工作。倒撑之前应对支撑与槽帮情况进行检查，如有问题妥善处理后方可倒撑。倒撑高度应距管顶 20cm 以上。倒撑的立木应立于排水沟底，上端用撑杠顶牢，下端用支杠支牢。

6）排水管道安装质量要求。纵断高程和平面位置准确，对高程应严格要求。接口严密坚固，污水管道必须经闭水试验合格。混凝土基础与管壁结合严密、坚固稳定。

7）不接支线的预留管口。凡暂时不接支线的预留管口，应砌死，并用水泥砂浆抹严，但同时应考虑以后接支线时拆除的方便。

8）新建排水管道。新建排水管道接通旧排水管道时，必须事先与市政工程管理部门联系，取得配合。在接通旧污水或合流管道时，必须会同市政工程管理部门制订技术措施，以确保工程质量，施工安全及旧管道的正常运行。进入旧排水管道检查井内或沟内工作时，必须事先和市政工程管理部门联系，并遵守其安全操作的有关规定。

（2）稳管。

1）稳管的施工方法及步骤见表3-41。

表3-41 稳管的方法及步骤

步骤	内容
槽内运管	槽底宽度许可时，管子应滚运；槽底宽度不许可滚运时，可用滚杠或特制的运管车运送。在未打平基的沟槽内用滚杠或运管车运管时，槽底应铺垫木板
稳管准备工作	稳管前将管子内外清扫干净。稳管时，根据高程线认真掌握高程，高程以量管内底为宜，当管子椭圆度及管皮厚度误差较小时，可量管顶外皮。调整管子高程时，所垫石子、石块必须稳固
控制管道中心线	可采用边线法或中线法，采用边线法时，边线的高度应与管子中心高度一致，其位置以距管外皮10mm为宜
稳管	在垫块上稳管垫块应放置平稳，高程符合质量标准；稳管时管子两侧应立保险杠，防止管子从垫块上滚下伤人 稳管的对口间隙，管径不小于700mm的管子按10mm掌握，以便于管内勾缝；管径600mm以内者，可不留间隙 在平基或垫块上稳管时，管子稳好后，应用干净石子或碎石从两边卡牢，防止管子移动。稳管后应及时灌注混凝土管座 在枕基或土基管道稳管，一般挖弧形槽，并铺垫砂子，使管子与土基接触良好稳较大的管子宜进入管内检查对口，减少错口现象 稳较大的管子时，宜进入管内检查对口，减少错口现象

2）质量标准。管内底高程允许偏差±10mm；中心线允许偏差10mm；相邻管内底错口不得大于3mm。

（3）管道安装。

1）管材的倒运要求。根据现场条件，管材应尽量沿线分孔堆放。采用推土机或拖拉机牵引运管时，应用滑杠并严格控制前进速度，严禁用推土机铲推管。当运至指定地点后，对存放的每节管应打眼固定。

2）下管。平基混凝土强度达到设计强度的50%，且复测高程符合要求后方可下管。下管常用方法有起重机下管、扒杆下管和绳索溜管等。

下管操作时要有明确分工，应严格遵守有关操作规程的规定施工。下管应保证起重机等机具及坑槽的稳定。起吊不能过猛。

槽下运管时，通常在平基上通铺草袋和顺板，将管吊运到平基后，再逐节横向均匀摆在平基上，采用人工横推法。操作时应设专人指挥，保障人身安全，防止管之间互相碰撞。当管径大于管长时，不应在槽内运管。

3）管道安装。首先将管逐节按设计要求的中心线、高程就位，并控制两管

口之间距离（通常为1.0~1.5cm）。

管径在500mm以下的普通混凝土管，管座为90°~120°，可采用四合一法安装；管径在500mm以上的管道特殊情况下也可采用；管径500~900mm普通混凝土管可采用后三合一法进行安装；管径在500mm以下的普通混凝土管，管座为180°或包管时，可采用前三合一法安管。

（4）水泥砂浆接口操作方法。

水泥砂浆接口可用平口管或承插口管，用于平口管者，有水泥砂浆抹带和钢丝网水泥砂浆抹带，其方法见表3-42。

表3-42 水泥砂浆抹带和钢丝网水泥砂浆抹带方法

项目	内容
水泥砂浆抹带	先将管口洗刷干净，并刷水泥砂浆一道。抹第一层砂浆时，应注意找正，使管缝居中，厚度约为带厚的1/3，并压实使其与管壁黏结牢固，表面划成线槽，管径400mm以内者，抹带可一层成活。待第一层砂浆初凝后抹第二层，并用弧形抹子捋压成形，初凝后，再用抹子赶光压实
钢丝网水泥砂浆抹带	钢丝网规格应符合设计要求，并应无锈、无油垢。每圈钢丝网应按设计要求，并留1m搭接长度，事先截好。其操作程序如下： （1）管径不小于600mm的管子，抹带部分的管口应凿毛；管径不大于500mm的管子应刷去浆皮 （2）将已凿毛的管口洗刷干净，并刷水泥砂浆一道 （3）在灌注混凝土管座时，将钢丝网按设计规定位置和深度插入混凝土管座内，并另加适当抹带砂浆，认真捣固 （4）在抹带的两侧安装好弧形边模 （5）抹第一层水泥砂浆应压实，使其与管壁黏结牢固，厚度为15mm，将两片钢丝网包拢，用20号镀锌钢丝将两片钢丝网扎牢。待第一层水泥砂浆初凝后，抹第二层水泥砂浆厚10mm，同上法包上第二层钢丝网，搭茬应与第一层错开（如只用一层钢丝网时，这一层砂浆即与模板抹平，初凝后赶光压实）。待第二层水泥砂浆初凝后，抹第三层水泥砂浆，与模板抹平，初凝后赶光压实 （6）抹带完成后，一般4~6h可以拆除模板，拆时应轻敲轻卸，不得碰坏抹带的边角

水泥砂浆接口的材料应选用强度等级为42.5级的水泥，砂子应过2mm孔径的筛子，砂子含泥量不得大于2%。接口用水泥砂浆配比应按设计规定，设计无规定时，抹带可采取水泥:砂子为1:2.5（重量比），水灰比一般不大于0.5。管径不小于700mm的管道，管缝超过10mm时，抹带应在管内管缝上部支一垫托（一般用竹片做成），不得在管缝填塞碎石、碎砖、木片或纸屑等。

直径不小于700mm的管子的内缝，应用水泥砂浆填实抹平，灰浆不得高出管内壁。管座部分的内缝，应配合灌注混凝土时勾抹。管座以上的内缝应在管带终凝后勾抹，也可在抹带以前，将管缝支上内托，从外部将砂浆填实，然后拆去内托，勾抹平整。直径600mm以内的管子，应配合灌注混凝土管座，用麻袋球或其他工具，在管内来回拖动，将流入管内的灰浆拉平。

承插管铺设前应将承口内部及插口外部洗刷干净。铺设时应使承口朝着铺设前进方向。第一节管子稳好后，应在承口下部满座灰浆，随即将第二节管的插口挤入，注意保持接口缝隙均匀，然后将砂浆填满接口，填捣密实，口部抹成斜面。挤入管内的砂浆应及时抹光或清除。

质量标准：抹带外观不裂缝，不空鼓，外光里实，宽度厚度允许偏差0~5mm；管内缝平整严实，缝隙均匀；承插接口填捣密实，表面平整。

（5）止水带施工要点。

1）止水带的焊接。止水带的焊接分平面焊接和拐角焊接两种形式。焊接时使用特别的夹具进行热合，截口应整齐，两端应对正，拐角处和丁字接头处可预制短块，也可裁成坡角和V形口进行热合焊接，但伸缩孔应对准连通。

2）止水带的安装。安装前应保持表面清洁无油污。就位时，必须用卡具固定，不得移位。伸缩孔对准油板，呈现垂直，油板与端模固定成一体。注意：止水带在安装与使用中，严禁破坏，保证原体完整无损。

3）浇筑止水带处混凝土。止水带的两翼板，应分两次浇筑在混凝土中，镶入顺序与浇筑混凝土一致。立向（侧向）部位止水带的混凝土应在两侧同时浇灌，并保证混凝土密实，而止水带不被压偏。水平（顶或底）部位止水带下面的混凝土先浇灌，保证浇灌饱满密实，略有超存。上面混凝土应由翼板中心向端部方向浇筑，迫使止水带与混凝土之间的气体挤出，以此保证止水带与混凝土成整体。

4）管口处理。止水带混凝土达到强度后，根据设计要求，为加强变形缝和防水能力，可在混凝土的任何一侧，将油板整环剔深3cm，清理干净后，填充SWFR水膨胀橡胶胶体或填充CM-R_2密封膏（也可以将SWFR条与油板同时镶入混凝土中）。

5）止水带的材质。止水带依材质分为天然橡胶和人工合成橡胶两种，选用时应根据设计文件或使用环境确定。但幅宽不宜过窄，并且有多条止水线为宜。

（6）支管连接与闭水试验。

1）支管连接。支管接入干管处如位于回填土之上，应做加固处理。支、干管接入检查井、收水井时，应插入井壁内，且不得突出井内壁。

2）闭水试验。凡污水管道及雨、污水合流管道、倒虹吸管道均必须作闭水试验。雨水管道和与其性质相近的管道，除大孔性土壤及水源地区外，均可不作闭水试验。进行闭水试验应注意如下几点：

① 闭水试验应在管道填土前进行，并应在管道灌满水后浸泡1~2昼夜再进行。

② 闭水试验的水位应为试验段上游管内顶以上 2m。如检查井高不足 2m 时，以检查井高为准。

③ 闭水试验时应对接口和管身进行外观检查，以无漏水和无严重渗水为合格。

④ 闭水试验应按附录闭水法试验进行，实测排水量应不大于表 3-43 规定的允许渗水量。

⑤ 管道内径大于表 3-43 规定的管径时，实测渗水量应不大于按式 $Q=1.25D$ 计算的允许渗水量，其中 Q 为允许渗水量，m^3/（24h · km）；D 为管道内径，mm。异形截面管道的允许渗水量可按周长折算为圆形管道计。在水源缺乏的地区，当管道内径大于 700mm 时，可按井根数量 1/3 抽验。

表 3-43　无压力管道严密性试验允许渗水量

管材	管道内径/mm	允许渗水量/［m^3/（24h · km）］
混凝土、钢筋混凝土管，陶管及管渠	200	17.60
	300	21.62
	400	25.00
	500	27.95
	600	30.60
	700	33.00
	800	35.35
	900	37.50
	1000	39.52
	1100	41.45
	1200	43.30
	1300	45.00
	1400	46.70
	1500	48.40
	1600	50.00
	1700	51.50
	1800	53.00
	1900	54.48
	2000	55.90

（7）已通水管道连接。

1）相关要求。

区域系统的管网施工完毕，并经建设单位验收合格后，即可安排通水事宜。

通水前应做周密安排，编写已通水管道连接实施方案，做好落实工作。对相接管道的结构形式、全部高程、平面位置、截面形状尺寸、水流方向、水量、全日水量变化、有关泵站与管网关系、停水截流降低水位的可能性、原施工情况、管内有毒气体与物质等资料，均应作周密调查与研究。做好截流，降低相接通管道内水位的实际试验工作。必须做到在规定的断流时间内完成。接头、堵塞、拆堵，达到按时通水的要求。

为了保证操作人员的人身安全，除采取可靠措施外，还需事先做好动物试验、防护用具性能试验、明确监护人，并遵守《城镇排水管道维护安全技术规程》（CJJ 6—2009）。待人员培训完毕，机具、器材准备妥当，联席会议已召开，施工方案均具备时，报告上一级安全部门，待验收批准后方可动工。

2）接头的方式。

① 与 ϕ500mm 以下圆形混凝土管道连接。在管道相接处，挖开原旧管全部暴露，工作时按检查井开挖预留，而后以旧管外径作井室内宽，顺管道方向仍保持 1m 或略加大些，其他部分仍按检查井通用图砌筑，当井壁砌筑高度高出最高水位，抹面养护 24h 后，即可将井室内的管身上半部砸开，拆堵通水。在施工中应注意：开挖土方至管身两侧时，要求两侧同时下挖，避免因侧向受压造成管身滚动；如管口漏水严重应采取补救措施；要求砸管部位规则、整齐、清堵彻底。

② 管径过大或异形管身相接。如果被接管道整体性好，为混凝土浇筑体时，开挖外露后采用局部砸洞将管道接入；如果构筑物整体性差，不能砸洞时，及新旧管道高程不能连接时，应会同设计单位和建设单位研究解决。

（8）平、企口混凝土管柔性接口。

1）CM-R_2 密封膏接口。

① 排水管道 CM-R_2 密封膏接口适用于平口、企口混凝土下水管道；环境温度 20 ~ 50℃。管口黏结面应保持干燥。

② 应用 CM-R_2 密封膏进行接口施工时，必须降低地下水位，至少低于管底 150mm，槽底不得被水浸泡。

③ 应用 CM-R_2 密封膏接口，需根据季节气温选择 CM-R_2 密封膏黏度。其应用范围见表 3-44。

表 3-44　CM-R_2 密封膏黏度应用范围

季　节	CM-R_2 密封膏黏度/（Pa·s）
夏季（20 ~ 50℃）	65 000 ~ 75 000
春、秋季（0 ~ 20℃）	60 000 ~ 65 000
冬季（－20 ~ 0℃）	55 000 ~ 60 000

④ 当气温较低，CM-R_2 密封膏黏度偏大，不便使用时，可用甲苯或二甲苯稀释，并应注意防火安全。

⑤ CM-R_2 密封膏应根据现场施工用量加工配制，必须将盛有 CM-R_2 密封膏的容器封严，存放在阴凉处，不得日晒，环境温度与 CM-R_2 密封膏存放期的关系，应符合表 3-45 的规定。

表 3-45　环境温度与密封膏存放时间

环境温度/℃	存　放　期
20 ~ 40	<1 个月
0 ~ 20	<2 个月
-20 ~ 0	2 个月以上

2）平、企口混凝土管道安装。

在安管前，应用钢丝刷将管口黏结端面及与管皮交界处清刷干净见新面，并用毛刷将浮尘刷净。管口不整齐，也应处理。安装时，沿管口圆周应保持接口间隙 8 ~ 12mm。管道在接口前，间隙需嵌塞泡沫塑料条，成形后间隙深度约为 10mm。

直径在 800mm 以上的管道，在管内，沿管底间隙周长的 1/4 均匀嵌塞泡沫塑料条，两侧分别留 30 ~ 50mm 作为搭接间隙。在管外，沿上管口嵌其余间隙，应符合图 3-12 的规定；直径在 800mm 以下的管道，在管底间隙 1/4 周长范围内，不嵌塞泡沫塑料条。但需在管外底沿接口处的基础上挖一深 150mm，宽 200mm 的弧形槽，以及做外接口。外接口做好后，要将弧形槽用砂填满。

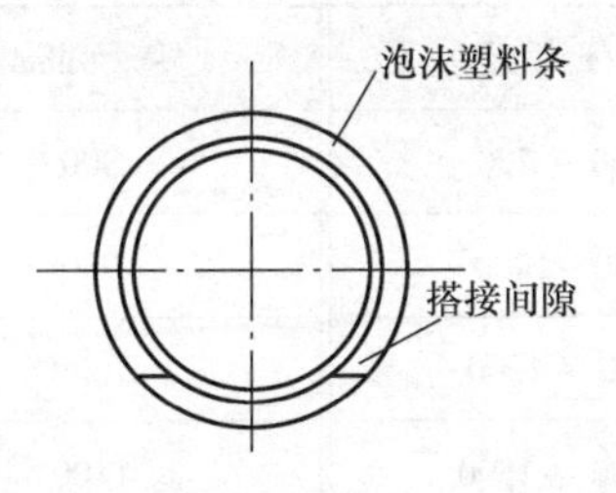

图 3-12　沿上管口嵌其余间隙图

3）CM-R_2 密封膏注入管道接口间隙。

① 用注射枪将 CM-R_2 密封膏注入管接口间隙，根据施工需要调整注射压为在 0.2 ~ 0.35MPa。分两次注入，先做底口，后做上口。CM-R_2 密封膏一次注入

量为注膏槽深的1/2。且在槽壁两侧均匀粘涂 $CM\text{-}R_2$ 密封膏，表面风干后用压缝溜子和油工铲抹压修整；24h 后，二次注入 $CM\text{-}R_2$ 密封膏将槽灌满，表面风干后压实。

② $CM\text{-}R_2$ 密封膏的连接上口与底口 $CM\text{-}R_2$ 密封膏在管底 1/4 周长范围内衔接，$CM\text{-}R_2$ 密封膏必须充满搭接间隙并连为一体。当管道直径小于 800mm 时，底口用载有密封膏的土工布条（宽 80mm）在管外底包贴，必须包贴紧密，并与上口 $CM\text{-}R_2$ 密封膏衔接密实。

4）施工注意事项。

① 槽内被水浸泡过或雨淋后，接口部位潮湿时，不得进行接口施工，应风干后进行。必要时可用“02”和“03”堵漏灵刷涂处理，再做 $CM\text{-}R_2$ 密封膏接口。

② 接口时和接口后，应防止管子滚动，以保证 $CM\text{-}R_2$ 密封膏的黏结效果。

③ 施工人员在作业期间不得吸烟，作业区严禁明火，并应遵照防毒安全操作规程。如进入管道内操作，要有足够通风环境，管道必须有两个以上通风口，并不得有通风死道。

5）外观检查。

① $CM\text{-}R_2$ 密封膏灌注应均匀、饱满、连续，不得有麻眼、孔洞、气鼓及膏体流淌现象。

② $CM\text{-}R_2$ 密封膏与注膏槽壁黏结应紧密连为一体，不得出现脱裂或虚贴。

③ 当接口检查不符合要求时，应及时进行修整或返工闭气检验。闭气检验可按《混凝土排水管道工程闭气检验标准》（CECS 19—1990）规定进行。

不同管径每个接口 $CM\text{-}R_2$ 密封膏用量参考表 3-46。

表 3-46 密封膏用量

管径/mm	密封膏用量/g	管径/mm	密封膏用量/g
300	560 ~ 750	800	1500 ~ 2000
400	750 ~ 1000	900	1700 ~ 2300
500	950 ~ 1300	1000	1900 ~ 2500
600	1100 ~ 1500	1100	2100 ~ 2800
700	1300 ~ 1800	1200	2300 ~ 3000

（9）承插口管。

1）承插口管的排水管道工程。采用承插口管的排水管道工程必须符合设计要求，所用管材必须符合质量标准，并具有出厂合格证。

管材在安装前，应对管口、直径、椭圆度等进行检查，必要时，应逐个检测。管材在装卸和运输时，应保证其完整，插口端用草绳或草袋包扎好，包扎长度不小于25cm，并将管身平放在弧形垫木上，或用草袋垫好、绑牢，防止由于振动，造成管材破坏，装在车上管身在车外，最大悬臂长度不得大于自身长度的1/5。

管材在现场应按类型、规格、生产厂地分别堆放，管径1000mm以上不应码放，管径小于900mm的码垛层数应符合表3-47的规定。每层管身间在1/4处用支垫隔开，上下支垫对齐，承插端的朝向应按层次调换朝向。

表3-47　堆放层数

管内径/mm	300~400	500~900
堆放层数	4	3

管材在装卸和运输时，应保证其完整。对已造成管身、管口缺陷又不影响使用，且闭水、闭气合格的管材，允许用环氧树脂砂浆，或用其他合格材料进行修补。

2）吊车下管。在高压架空输电线路附近作业时，应严格遵守电业部门的有关规定，起吊平稳。吊管下槽之前，根据立吊车与管材卸车等条件，一孔之中，选一处倒撑，为了满足管身长度需要，木顺水条可改用工字钢代替，替撑后，其撑杠间距不得小于管身长度0.5m。

3）管道安装对口。应保持两管同心插入，胶圈不扭曲，就位正确。胶圈形式，截面尺寸，压缩率及材料性能，必须符合设计规定，并与管材相配套，砂石垫层基础施工槽底不得有积水、软泥，其厚度必须符合设计要求，垫层与腋角填充。

（10）雨期、冬期施工。

1）雨期施工。雨期施工应采取以下措施，防止泥土随雨水进入管道，对管径较小的管道，应从严要求。

① 防止地面径流、雨水进入沟槽。

② 配合管道铺设，及时砌筑检查井和连接井。

③ 凡暂时不接支线的预留管口，及时砌死抹严。

④ 铺设暂时中断或未能及时砌井的管口，应用堵板或干码砖等临时堵严。

⑤ 已做好的雨水口应堵好、围好，防止进水。

⑥ 必须做好防止漂管的措施。

雨天不宜进行接口，如接口时，应采取必要的防雨措施。

2）冬期施工。

① 冬期进行水泥砂浆接口时，水泥砂浆应用热水拌和，水温不应超过80℃，必要时可将砂子加热，砂温不应超过40℃。

② 对水泥砂浆有防冻要求时，拌和时应掺氯盐。

③ 水泥砂浆接口，应盖草帘养护。抹带者，应用预制木架架在管带上，或先盖松散稻草10cm厚，然后再盖草帘。草帘盖1~3层，根据气温选定。

4. 排水工程附属构筑物施工

（1）排水工程附属构筑物施工的一般规定。

1）排水工程构筑物必须保证防水，做到不渗、不漏。

2）排水工程构筑物砌体中的预埋管、预埋件及预留洞口与砌体的连接应采取防渗漏措施。

3）排水工程各种构筑物，必须按设计图样及有关规定施工砌筑或安装各型井，应在管道安装后立即进行排水工程构筑物所用材料应按设计及有关标准执行。

（2）砌井方法。砌井前应检查基础尺寸及高程是否符合图样规定，砌井施工方法如下：

1）用水冲净基础后，先铺一层砂浆，再压砖砌筑，必须做到满铺满挤，砖与砖间灰缝保持1cm，拌和均匀，严禁水冲浆。

2）井身为方形时，采用满丁满条砌法，为圆形时，丁砖砌法，外缝应用砖渣嵌平，平整大面向外。砌完一层后，再灌一次砂浆，使缝隙内砂浆饱满，然后再铺浆砌筑上一层砖，上、下两层砖间竖缝应错开。

3）砌至井深上部收口时，应按坡度将砖头打成坡茬，以便于井里顺坡抹面。

4）井内壁砖缝应采用缩口灰，抹面时能抓得牢，井身砌完后，应将表面浮灰残渣扫净。

5）井壁与混凝土管接触部分，必须坐满砂浆，砖面与管外壁留1~1.5cm，用砂浆堵严，并在井壁外抹管箍，以防漏水，管外壁抹箍处应提前洗刷干净。

6）支管或预埋管应按设计高程、位置、坡度随砌井即安好，做法与上条同。管口与井内壁取齐。预埋管应在还土前用干砖堵抹面，不得漏水。

7）护底、流槽应与井壁同时砌筑。

8）井身砌完后，外壁应用砂浆搓缝，使所有外缝严密饱满，然后将灰渣清扫干净。

9）如井身不能一次砌完，在二次接高时，应将原砖面泥土杂物清除干净，用水清洗砖面并浸透。

10）砌筑方形井时，用靠尺线锤检查平直，网井用轮杆，铁水平检查直径及水平。如墙面有鼓肚，应拆除重砌，不可砸掉。

11）井室内有踏步，应在安装前刷防锈漆，在砌砖时用砂浆埋固，不得事后凿洞补装，砂浆未凝固前不得踩踏。

（3）砂浆。

1）砂浆配制应用的要求和砂浆试块的规定。

水泥砂浆配制和应用要求：砂浆应按设计配合比配制；砂浆应搅拌均匀，稠度符合施工设计规定；砂浆拌和后，应在初凝前使用完毕。使用中出现泌水时，应拌和均匀后再用。

水泥砂浆使用的水泥标准：水泥砂浆使用的水泥不应低于32.5级，使用的砂应为质地坚硬、级配良好且洁净的中粗砂，其含泥量不应大于3%；掺用的外加剂应符合国家现行标准或设计规定。

2）砂浆试块的留置。每砌筑100m^3砌体或每砌筑段、安装段、砂浆试块不得少于一组，每组6块，当砌体不足100m^3时，也应留置一组试块，6个试块应取自同盘砂浆。

砂浆试块抗压强度的评定：同强度等级砂浆各组试块强度的平均值不应低于设计规定；任一组试块强度不得低于设计强度标准值的0.75倍。当每单位工程中仅有一组试块时，其测得强度值不应低于砂浆设计强度标准值。

砂浆有抗渗、抗冻要求时，应在配合比设计中加以保证，并在施工中按设计规定留置试块取样检验，配合比变更时应增留试块。

（4）砌砖一般要求。砌筑用砖（砌块）应符合国家现行标准或设计规定。

砌筑前应将砖用水浸透，不得有干心现象。混凝土基础验收合格，抗压强度达到1.2MPa，方可铺浆砌筑。与混凝土基础相接的砌筑面应先清扫，并用水冲刷干净；如为灰土基础，应铲修平整，并洒水湿润。砌砖前应根据中心线放出墙基线，摞底摆缝，确定砌法。

砖砌体，应上下错缝，内外搭接，一般宜采用一顺一丁或三顺一丁砌法，防水沟墙宜采用五顺一丁砌法，但最下一皮砖和最上一皮砖，应用丁砖砌筑。

砌砖时，清水墙的表面应选用边角整齐、颜色均匀、规格一致的砖。砂浆应满铺满挤，灰缝不得有竖向通缝，水平灰缝厚度和竖向灰缝宽度一般以10mm为标准，误差不应大于±2mm。弧形砌体灰缝宽度，凹面宜取5～8mm。砌墙如有抹面，应随砌随将挤出的砂浆刮平。如为清水墙，应随砌随搂缝，其缝深以1cm为宜，以便勾缝。半头砖可作填墙心用，但必须先铺砂浆后放砖，然后再用灌缝砂浆将空隙灌平且不得集中使用。

（5）方沟、拱沟和井室的砌筑及砖墙勾缝要求见表3-48。

表 3-48　方沟、拱沟和井室的砌筑及砖墙勾缝要求

项　目	内　　容
方沟和拱沟的砌筑	（1）砖墙的转角处和交接处应与墙体同时砌筑。如必须留置的临时间断处，应砌成斜茬。接茬砌筑时，应将斜茬用水冲洗干净，并注意砂浆饱满 （2）各砌砖小组间，每米高的砖层数应掌握一致，墙高超过 1.2m 的，宜立皮数杆，墙高小于 1.2m 的应拉通线 （3）砖墙的伸缩缝应与底板伸缩缝对正，缝的间隙尺寸应符合设计要求，并砌筑齐整，缝内挤出的砂浆必须随砌随刮干净 （4）反拱砌筑应遵守下列规定：砌砖前按设计要求的弧度制作样板，每隔 10m 放一块；根据样板挂线，先砌中心一列砖，找准高程后，再铺砌两侧，灰缝不得凸出砖面，反拱砌完后砂浆强度达到 25% 时，方准踩压；反拱表面应光滑平顺，高程误差不应大于 ±10mm （5）拱环砌筑应遵守下列规定：按设计图样制作拱胎，拱胎上的模板应按要求留出伸胀缝，被水浸透后如有凸出部分应刨平，凹下部分应填平，有缝隙应塞严，防止漏浆；支搭拱胎必须稳固，高程准确，拆卸简易；砌拱前应校对拱胎高程，并检查其稳固性，拱胎应用水充分湿润，冲洗干净后，在拱胎表面刷脱膜剂；根据挂线样板，在拱胎表面上画出砖的行列，拱底灰缝宽度宜为 5～8mm；砌砖时，自两侧同时向拱顶中心推进，灰缝必须用砂浆填满；注意保证拱心砖的正确及灰缝严密；砌拱应用退茬法，每块砖退半块留茬，当砌筑间断，接茬再砌时，必须将留茬冲洗干净，并注意砂浆饱满；不得使用碎砖及半头砖砌拱环，拱环必须当日封顶，环上不得堆置器材；预留户线管应随砌随安，不得预留孔洞；砖拱砌筑后，应及时洒水养护，砂浆达到 25% 设计强度时，方准在无振动条件下拆除拱胎 （6）方沟和拱沟的质量标准：沟的中心线距墙底的宽度，每侧允许偏差 ±5mm；沟底高程允许偏差 ±10mm；墙高度允许偏差 ±10mm；墙面垂直度，每米高允许偏差 5mm，全高 15mm；墙面平整度（用 2m 靠尺检查）允许偏差，清水墙 5mm，混水墙 8mm；砌砖砂浆必须饱满；砖必须浸透（冬期施工除外）
井室的砌筑	（1）砌筑下水井时，对接入的支管应随砌随安，管口应伸入井内 3cm。预留管宜用低强度等级水泥砂浆砌砖封口抹平 （2）井室内的踏步，应在安装前刷防锈漆，在砌砖时用砂浆埋固，不得事后凿洞补装；砂浆未凝固前不得踩踏 （3）砌圆井时应随时掌握直径尺寸，收口时更应注意。收口每次收进尺寸，四面收口的不应超过 3cm；三面收口的最大可收进 4～5cm （4）井室砌完后，应及时安装井盖。安装时，砖面应用水冲刷干净，并铺砂浆按设计高程找平。如设计未规定高程时，应符合下列要求：在道路面上的井盖面应与路面平齐；井室设置在农田内，其井盖面一般可高出附近地面 4～5 层砖 （5）井室砌筑的质量标准：方井的长与宽和圆井直径允许偏差 ±20mm；井室砖墙高度允许偏差 ±20mm；井口高程允许偏差 ±10mm；井底高程允许偏差 ±10mm
砖墙勾缝	（1）勾缝前，检查砌体灰缝的搂缝深度是否符合要求，如有瞎缝应凿开，并将墙面上黏结的砂浆、泥土及杂物等清除干净后，洒水湿润墙面 （2）勾缝砂浆塞入灰缝中，应压实拉平，深浅一致，横竖缝交接处应平整。凹缝一般比墙面凹入 3～4mm （3）勾完一段应及时将墙面清扫干净，灰缝不应有搭茬、毛刺、舌头灰等现象

（6）浆砌块石和浆砌块石勾缝。

1）浆砌块石。

① 浆砌块石应先将石料表面的泥垢和水锈清扫干净，并用水湿润。

② 块石砌体应用铺浆法砌筑。砌筑时，石块宜分层卧砌（大面向下或向上），上下错缝，内外搭砌。必要时，应设置拉结石。不得采用外面侧立石块中间填心的砌筑方法；不得有空缝。

③ 块石砌体的第一皮及转角处、交叉处和洞口处，应用较大、较平整的块石砌筑。在砌筑基础的第一皮块石时，应将大面向下。

④ 块石砌体的临时间断处，应留阶梯形斜茬。

⑤ 砌筑工作中断时，应将已砌好的石层空隙用砂浆填满，以免石块松动。再砌筑时，石层表面应仔细清扫干净，并洒水湿润。

⑥ 块石砌体每天砌筑的高度，不宜超过1.2m。

⑦ 浆砌块石的质量标准：轴线位移允许偏差±10mm；顶面高程允许偏差，料石±10mm，毛石±15mm；断面尺寸允许偏差±20mm；墙面垂直度，每米高允许偏差10mm，全高20mm；墙面平整度（用2m靠尺检查）允许偏差20mm；砂浆强度符合设计要求，砂浆饱满。

2）浆砌块石勾缝。

① 勾缝前应将墙面黏结的砂浆、泥土及杂物等清扫干净，并洒水湿润墙面。

② 块石砌体勾缝的形式及其砂浆强度，应按设计规定；设计无规定时，可勾凸缝或平缝，砂浆强度不得低于M80。

③ 勾缝应保持砌筑的自然缝。勾凸缝时，要求灰缝整齐，拐弯圆滑，宽度一致，并压光密实，不出毛刺，不裂不脱。

（7）抹面的施工。

1）三遍法抹面。先用1:2.5水泥砂浆打底，厚0.7cm。必须压入砖缝，与砖面黏结牢固。二遍抹厚0.4cm找平。三遍抹厚0.4cm铺顺压光，抹面要一气呵成，表面不得漏砂粒。

2）抹面要求。

① 如分段抹面时，接缝要分层压茬，精心操作。抹面完成后，井顶应覆盖草袋，防止干裂。砌井抹面达到要求强度后方可还土，严禁先还土后抹面。

② 为了保证抹面三层砂浆整体性好，因此分层时间最好在定浆后，随即抹下一层，不得过夜，如间隔时间较长，应刷素浆一道，以保证接茬质量。

③ 修复因接管破坏旧井抹面时，应首先将活动起鼓灰面轻轻砸去，并将砖

面新碴剔出，用水冲净后，刷素灰浆一道，然后再分层抹面。

（8）安装井盖、井箅方法。

① 在安装或浇筑井圈前，应仔细检查井盖、井箅是否符合设计标准和有无损坏、裂纹。

② 井圈浇筑前，根据实测高程，将井框垫稳，里、外模均须用定型模板。

③ 混凝土井圈与井口，可采用先预制成整体，然后坐灰安装的方法施工。

④ 检查井、收水井等砌完后，可采用先预制成整体，然后坐灰安装的方法施工。

⑤ 检查井位于非路面及农田内时，井盖高程应高出周围地面15cm。

⑥ 当井身高出地面时，应在井身周围培土。

⑦ 当井位于永久或半永久的沟渠、水坑中时，井身应里外抹面或采取其他措施处理，防止发生因水位涨落冻害破坏井身，或淹没倒灌。

（9）堵（拆）管道管口、堵（拆）井堵头。

凡进行堵（拆）管道管口、井堵头以及进入管道内（包括新建和旧管道）都要遵守《城镇排水管道维护安全技术规程》（CJJ 6—2009）和有关部门的规定。

堵（拆）管堵前，必须查清管网高程，管内流水方向、流量等，确定管堵的位置、结构、尺寸及堵、拆顺序，编制施工方案，严格按方案施工。堵（拆）管道堵头均应绘制图表（内容包括：位置、结构、尺寸、流水方向、操作负责人等），工程竣工后交建设单位存查。对已使用的管道，堵（拆）管堵前，必须经有关管理部门同意。

（10）雨期、冬期施工。

1）雨期施工。

① 雨期砌砖沟，应随即安装盖板，以免因沟槽塌方挤坏沟墙。

② 砂浆受雨水浸泡时，未初凝的，可增加水泥和砂子重新调配使用。

③ 当平均气温低于+5℃，且最低气温低于－3℃时，砌体工程的施工应符合相关冬期施工的要求。

2）冬期施工。

① 冬期施工所用的材料应符合下列补充要求：砖及块石不用洒水湿润，砌筑前应将冰、雪清除干净；拌和砂浆所用的中粗砂，不得含有冰块及大于1cm的冻块；拌和热砂浆时，水的温度不得超过80℃，砂的温度不得超过40℃；砂浆的流动性，应比常温施工时适当增大；不得使用加热水的措施来调制已冻的砂浆。

② 冬期砌筑砖石一般采用抗冻砂浆。抗冻砂浆的食盐掺量可参照表3-49的规定。

表 3-49　抗冻砂浆食盐掺量

最低温度/℃	0 ~ -5	-6 ~ -10	-10 以下
砌砖砂浆食盐掺量（按水量%）	2	4	5
砌块石砂浆食盐掺量（按水重%）	5	8	10

注：最低温度指一昼夜中最低的大气温度。

③ 冬期施工时，砂浆强度等级应以在标准条件下养护 28d 的试块试验结果为依据；每次宜同时制作试块和砌体同条件养护，供核对原设计砂浆标号的参考。

④ 浆砌砖石不得在冻土上砌筑，砌筑前对地基采取防冻措施。

⑤ 冬期施工砌砖完成一段或收工时，应用草帘覆盖防寒；砌井时应在两侧管口挂草帘挡风。

5. 抹面及防水施工

（1）抹面。

1）抹面施工操作要求。

① 抹面的基层处理。

砖砌体表面：砌体表面黏结的残余砂浆应清除干净；如已勾缝的砌体应将勾缝的砂浆剔除。

混凝土表面：混凝土在模板拆除后，应立即将表面清理干净，并用钢丝刷刷成粗糙面；混凝土表面如有蜂窝、麻面、孔洞时，应先用凿子打掉松散不牢的石子，将孔洞四周剔成斜坡，用水冲洗干净，然后涂刷水泥浆一层，再用水泥砂浆抹平（深度大于 10mm 时应分层操作），并将表面扫成细纹。

② 抹面前应将混凝土面或砖墙面洒水湿润。

③ 构筑物阴阳角均应抹成圆角。一般阴角半径不大于 25mm；阳角半径不大于 10mm。

④ 抹面的施工缝应留斜坡阶梯形茬，茬子的层次应清楚，留茬的位置应离开交角处 150mm 以上。接槎时，应先将留茬处均匀地涂刷水泥浆一道，然后按照操作顺序层层搭接，接槎应严密。

⑤ 墙面和顶部抹面时，应采取适当措施将落地灰随时拾起使用。

⑥ 抹面在终凝后，应做好养护工作：一般在抹面终凝后，白天每隔 4h 洒水一次，保持表面经常湿润，必要时可缩短洒水时间；对于潮湿、通风不良的地下构筑物，在抹面表面出现大量冷凝水时，可以不必洒水养护；而出入口部位有风干现象时，应洒水养护；在有阳光照射的地方，应覆盖湿草袋片等浇水养护；养护时间，一般 2 周为宜。

⑦ 抹面质量标准：灰浆与基层及各层之间，必须紧密黏结牢固，不得有空鼓及裂纹等现象；抹面平整度，用2m靠尺量，允许偏差5mm；接槎平整，阴阳角清晰顺直。

2）水泥砂浆抹面。

① 水泥砂浆抹面，设计无规定时，可用M15~M20水泥砂浆。砂浆稠度，砖墙面打底宜用12cm，其他宜用7~8cm，地面宜用干硬性砂浆。

② 抹面厚度，设计无规定时，可采用15mm。

③ 在混凝土面上抹水泥砂浆，一般先刷水泥浆一道。

④ 水泥砂浆抹面一般分两道抹成。第一道砂浆抹成后，用扛尺刮平，并将表面扫成粗糙面或划出纹道。第二道砂浆应分两遍压实赶光。

⑤ 抹水泥砂浆地面可一次抹成，随抹随用扛尺刮平，压实或拍实后，用木抹搓平，用铁抹分两遍压实赶光。

3）防水抹面。

① 防水抹面（五层做法）的材料配比：水泥浆的水灰比，第一层水泥浆，用于砖墙面者一般采用0.8~1.0，用于混凝土面者一般采用0.37~0.10；第三、五层水泥浆一般采用0.6。水泥砂浆一般采用M20，水灰比一般采用0.5；根据需要，水泥浆及水泥砂浆均可掺用一定比例的防水剂。

② 砖墙面防水抹面五层做法：第一层刷水泥浆1.5~2mm厚，先将水泥浆灌入砖墙缝内，再用刷子在墙面上，先上下，后左右方向，各刷两遍，应刷密实均匀，使表面形成布纹状。第二层抹水泥砂浆5~7mm厚，在第一层水泥浆初干（水泥浆刷完之后，浆表面不显出水光即可），立即抹水泥砂浆，抹时用铁抹子上灰，并用木抹子找面，搓平，厚度均匀，且不得过于用力揉压。第三层刷水泥浆1.5~2mm厚，在第二层水泥砂浆初凝后（等的时间不应过长，以免干皮），即刷水泥浆，刷的次序，先上下，后左右，再上下方向，各刷一遍，应刷密实均匀，使表面形成布纹状。第四层抹水泥砂浆5~7mm厚，在第三层水泥浆刚刚干时，立即抹水泥砂浆，用铁抹子上灰，并用木抹子找面，搓平，在凝固过程中用铁抹子轻轻压出水光，不得反复大力揉压，以免空鼓。第五层刷水泥浆一道，在第四层水泥砂浆初凝前，将水泥浆均匀地涂刷在第四层表面上，随第四层压光。

③ 混凝土面防水抹面五层做法：第一层抹水泥浆2mm厚，水泥浆分两次抹成，先抹1mm厚，用铁抹子往返刮抹5~6遍，刮抹均匀，使水泥浆与基层牢固结合，随即再抹1mm厚，找平，在水泥浆初凝前，用排笔蘸水按顺序均匀涂刷一遍；第二、三、四、五层与上条砖墙面防水抹面操作相同。

4）冬期施工。

冬期抹面素水泥砂浆可掺食盐以降低冰点。掺食盐量可参照表3-50的规定，

但最大不得超过水重的8%。抹面应在气温零度以上时进行，抹面前宜用热盐水将墙面刷净。外露的抹面应盖草帘养护；有顶盖的内墙抹面，应堵塞风口防寒。

表3-50　冬期抹面砂浆掺食盐量

最低温度/℃	0～-3	-4～-6	-7～-8	-8以下
掺食盐量（按水重%）	2	4	6	8

注：最低温度指一昼夜中最低的大气温度。

（2）沥青卷材防水。

1）材料。

① 油毡应符合下列外观要求：成卷的油毡应卷紧，玻璃布油毡应附硬质卷芯，两端应平整；断面应呈黑色或棕黑色，不应有尚未被浸透的原纸浅色夹层或斑点；两面涂盖材料均匀密致；两面防粘层撒布均匀；毡面无裂纹、孔眼、破裂、折皱、疙瘩和反油等缺陷，纸胎油毡每卷中允许有30mm以下的边缘裂口。

② 麻布或玻璃丝布做沥青卷材防水时，布的质量应符合设计要求。在使用前先用冷底子油浸透，均匀一致，颜色相同。浸后的麻布或玻璃丝布应挂起晾干，不得黏在一起。

③ 存放油毡时，一般应直立放在阴凉通风的地方，不得受潮湿，也不得长期暴晒。

④ 铺贴石油沥青卷材，应用石油沥青或石油沥青玛瑞脂；铺贴煤沥青卷材，应用煤沥青或煤沥青玛瑞脂。

2）沥青玛瑞脂的熬制。

① 石油沥青玛瑞脂熬制程序：将选定的沥青砸成小块，过秤后，加热熔化；如果用两种标号沥青时，则应先将较软的沥青加入锅中熔化脱水后，再分散均匀地加入砸成小块的硬沥青；沥青在锅中熔化脱水时，应经常搅拌，防止油料受热不均和锅底出现局部过热现象，并用笊篱将沥青中混入的纸片、杂物等捞出；当锅中沥青完全熔化至规定温度后，即将加热到105～110℃的干燥填充料按规定数量逐渐加入锅中，并应不断地搅拌，混合均匀后，即可使用。

② 煤沥青玛瑞脂熬制程序：如只用硬煤沥青时，熔化脱水方法与熬制石油沥青玛瑞脂相同；若与软煤沥青混合使用时，可采用两次配料法，即将软煤沥青与硬煤沥青分别在两个锅中熔化，待脱水完了后，再量取所需用量的熔化沥青，倒入第三个锅中，搅拌均匀；掺填充料操作方法与石油沥青玛瑞脂熬制程序相同。

③ 熬制及使用沥青或沥青玛瑞脂的温度一般按表3-51控制。

表 3-51　沥青或沥青玛琋脂的温度　（单位:℃）

种　类	熬制时最高温度		涂抹时最低温度
	常温	冬季	
石油沥青	170～180	180～200	160
煤沥青	140～150	150～160	120
石油沥青玛琋脂	180～200	200～220	160
煤沥青玛琋脂	140～150	150～160	120

④ 熬油锅应经常清理锅底，铲除锅底上的结渣。

⑤ 选择熬制沥青锅灶的位置时，应注意防火安全。其位置应在建筑物 10m 以外，并应征得现场消防人员的同意。沥青锅应用薄铁板锅盖，同时应准备消防器材。

3）冷底子油的配制。

冷底子油配合比（重量比）一般用沥青 30%～40%，汽油 60%～70%。冷底子油一般应用“冷配”方法配制。先将沥青块表面清刷干净，砸成小碎块，按所需质量放入桶内，再倒入所需质量的汽油浸泡，搅拌溶解均匀，即可使用。如加热配制时，应指定有经验的工人进行操作，并采取必要的安全措施。配制冷底子油，应在距明火和易燃物质远的地方进行，并应准备消防器材，注意防火。

4）卷材铺贴。

① 地下沥青卷材防水层内贴法，如图 3-13 所示。

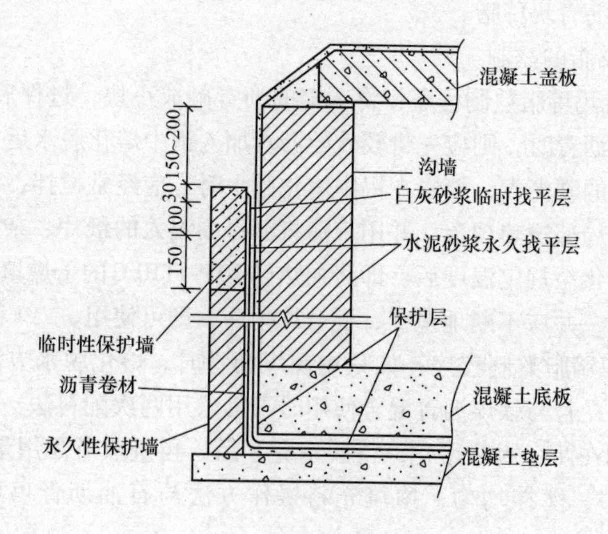

图 3-13　地下沥青卷材防水层内贴法

操作程序为：基础混凝土垫层养护达到允许砌砖强度后，用水泥砂浆砌筑永久性保护墙，上部卷材搭接茬所需长度，可用白灰砂浆砌筑临时性保护墙，或采取其他保护措施，临时性保护墙墙顶高程以低于设计沟墙顶150～200mm为宜；在基础垫层面上和永久保护墙面上抹水泥砂浆找平层，在临时保护墙面上抹白灰砂浆找平层，在水泥砂浆找平层上刷冷底子油一道（但临时保护墙的白灰砂浆找平层上不刷），随即铺贴卷材。

在混凝土底板及沟墙施工完毕，并安装盖板后，拆除临时保护墙，清理及整修沥青卷材搭茬。在沟槽外侧及盖板上面抹水泥砂浆找平层，刷冷底子油，铺贴沥青卷材；砌筑永久保护墙。

② 地下卷材防水层外贴法，搭接茬留在保护墙底下，施工操作程序，如图3-14所示。

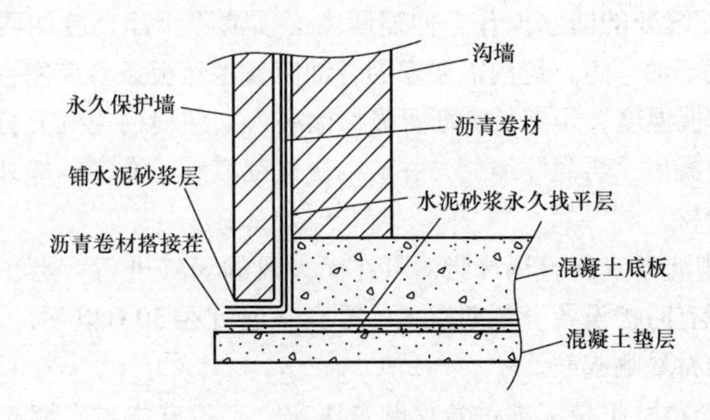

图3-14 地下卷材防水层外贴法

基础混凝土垫层养护达到允许砌砖强度后，抹水泥砂浆找平层，刷冷底子油，随后铺贴沥青卷材；在混凝土底板及沟墙施工完毕，安装盖板后，在沟墙外侧及盖板上面抹水泥砂浆找平层，刷冷底子油，铺贴沥青卷材；砌筑永久保护墙。

③ 沥青卷材必须铺贴在干燥清洁及平整的表面上。砖墙面，应用不低于50号的水泥砂浆抹找平层，厚度一般10～15mm。找平层应抹平压实，阴阳角一律抹成圆角。

④ 潮湿的表面不得涂刷冷底子油，必要时应烤干再涂刷。冷底子油必须刷得薄而均匀，不得有气泡、漏刷等现象。

⑤ 卷材在铺贴前，应将卷材表面清扫干净，并按防水面铺贴的尺寸，将卷材裁好。

⑥ 铺贴卷材时，应掌握沥青或沥青玛瑞脂的温度，浇涂应均匀，卷材应贴紧压实，不得有空鼓、翘起、撕裂或折皱等现象。

⑦ 卷材搭接茬处，长边搭接宽度不应小于100mm，短边搭接宽度不应小于

150mm。接槎时应将留茬处清理干净，做到贴结密实。各层的搭接缝应互相错开。底板与沟墙相交处应铺贴附加层。

⑧ 拆除临时性保护墙后，对预留沥青卷材防水层搭接茬的处理，可用喷灯将卷材逐层轻轻烤热揭开，清除一切杂物，并在沟墙抹找平层时，采取保护措施，使不损坏。

⑨ 需要在卷材防水层上面绑扎钢筋时，应在防水层上面抹一层水泥砂浆保护。

⑩ 砌砖墙时，墙与防水层的间隙必须用水泥砂浆填严实。

⑪ 管道穿防水墙处，应铺贴附加层，必要时应采用穿墙法兰压紧，以免漏水。

⑫ 所有卷材铺贴完后，应全部涂刷沥青或沥青玛琋脂一道。

⑬ 砖墙伸缩缝处的防水操作：伸缩缝内必须清除干净，缝的两侧面在有条件时，应刷冷底子油一道；缝内需要塞沥青油麻或木丝板条者应塞密实；灌注沥青玛琋脂，应掌握温度，用细长嘴沥青壶徐徐灌入，使缝内空气充分排出，灌注底板缝的沥青冷凝后，再灌注墙缝，并应一次连续灌满、灌实；缝外墙面按设计要求铺贴沥青卷材。

⑭ 冬期涂刷沥青或沥青玛琋脂，可在无大风的天气进行；当在下雪或挂霜时操作，必须备有防护设备。夏期施工，最高气温宜在30℃以下，并采取措施，防止铺贴好的卷材暴晒起鼓。

⑮ 铺贴沥青卷材质量标准：卷材贴紧压实，不得有空鼓、翘起、撕裂或折皱等现象；伸缩缝施工应符合设计要求。

（3）聚合物砂浆防水层施工。

聚合物防水砂浆是水泥、砂和一定量的橡胶乳液或树脂乳液以及稳定剂、消泡剂等助剂经搅拌混合配制而成。它具有良好的防水性、抗冲击性和耐磨性。其配比参见表3-52。

表3-52　聚合物水泥砂浆配合比

用　途	水　泥	砂	聚　合　物	涂层厚度/mm
防水材料	1	2~3	0.3~0.5	5~20
地板材料	1	3	0.3~0.5	10~15
防腐材料	1	2~3	0.4~0.6	10~15
黏结材料	1	0~3	0.2~0.5	—
新旧混凝土接缝材料	1	0~1	0.2以上	—
修补裂缝材料	1	0~3	0.2以上	—

拌制乳液砂浆时，必须加入一定量的稳定剂和适量的消泡剂，稳定剂一般采用表面活性剂。

聚合物防水砂浆类型还有有机硅防水砂浆、阳离子氯丁胶乳防水砂浆、丙烯酸酯共聚乳液防水砂浆。

6. 河道及闸门施工

（1）挖河清淤、抛石、打坝。挖河清淤应按照现行有关规范执行。

河道抛石工程应遵守下列规定：抛石顶宽不得小于设计规定；抛石时应对准标志、控制位置、流速、水深及抛石方法对抛石位置的影响，宜通过试抛确定；抛石应有适当的大小尺寸和级配；抛石应由深处向岸坡进行；抛石应及时观测水深，以防止漏抛或超高。

施工临时围堰（即打坝）应稳定、防冲刷和抗渗漏，并便于拆除。拆除时一定要清理坝根，堰顶高程应考虑水位壅高。

（2）干砌片石。干砌片石工程应遵照现行有关规范的规定施工。干砌片石应大面朝下，互相间错咬搭，石缝不得贯通，底部应垫稳，不得松动石块，大缝应用小石块嵌严，不得用碎石填塞，小缝用碎石全部灌满，用铁钎捣固。干砌片石河道护坡，用较大石块封边。

（3）浆砌片石。浆砌片石应遵照现行有关规范的规定施工。浆砌片石前应将石料表面的泥垢和水锈清净，并用水湿润。片石砌体应用铺浆法砌筑。砌筑时，石块宜分层卧砌，上下错缝，内外搭砌，砂浆饱满，不得有空鼓。砌筑工作中断时，应将已砌好的石层空隙用砂浆填满。片石砌体使用砂浆强度等级应符合设计要求。片石砌体勾缝形状及其砂浆强度等级应按设计规定。浆砌片石不得在冻土上砌筑。

（4）闸门工程。

1）闸门制造安装应按设计图样要求，并参照《水电水利工程钢闸门制造安装及验收规范》（DL/T 5018—2004）的有关规定进行。

2）铸铁闸门必须根据设计要求的方位安装，不许反装。闸门的中心线应与闸门孔口中心线重合，并保持垂直。门框须与混凝土墩墙接合紧密，安装时须采取可靠措施固定，防止浇筑混凝土时变形。闸门及启闭机安装后，须保证启闭自如。

3）平板闸门门槽埋件的安装须设固定的基准点，严格保证设计要求的孔口门槽尺寸、垂直度和平整度。

4）门槽预埋件安装调整合格后，应采取可靠的加固措施。方法如下：

① 采用一次浇筑混凝土的方法，门槽预埋件须与固定的不易变形的部位或专用支架可靠地连接固定，防止产生位移和变形。

② 采用二次混凝土浇筑的方法，对门槽预埋件必须与一次混凝土的外伸钢筋可靠连接固定。沿预埋件高度，工作面每0.5m不少于2根连接钢筋，侧面每0.5m不少于1根连接钢筋。一次混凝土与二次混凝土的接合表面须凿毛，保证接合良好。

5）门槽安装完毕，应将门槽内有碍闸门启闭的残留杂物清除干净后，方可将闸门吊入。

6）平板闸门在安装前，应先在平台上检查闸门的几何尺寸，如有变形应处理至合格后方可安装水封橡皮。水封橡皮表面应平整，不得有凹凸和错位，水封橡皮的接头应用热补法连接，不许对缝绑扎连接。

7）单吊点的闸门应做平衡试验，保证闸门起吊时处于铅直状态。

8）闸门安装好，处于关闭位置时，水封橡皮与门槽预埋件必须紧贴，不得有缝隙。

9）闸门启闭机的安装，按有关规定和要求进行。启闭机安装后，应吊闸门在门槽内往返运行自如。

10）闸门预埋件及钢闸门的制造，参照《水电水利工程钢闸门制造安装及验收规范》（DL/T 5018—2004）的有关规定执行。

7. 收水井及雨水支管施工

（1）收水井。道路收水井是路表水进入雨水支管的构筑物。其作用是排除路面地表水。收水井井型一般采用单箅式和双箅式及多箅式中型或大型平箅收水井。收水井为砖砌体，所用砖材不得低于MU10。铸铁收水井井箅的井框必须完整无损，不得翘曲，井身结构尺寸、井箅、井框规格尺寸必须符合设计图样要求。收水井井口基座外边缘与侧石距离不得大于5cm，并不得伸进侧石的边线。收水井的施工方法见表3-53。

表3-53 收水井的施工方法

步　骤	内　　容
井位放线	在顶步灰土（或三合土）完成后，由测量人员按设计图样放出侧石边线，钉好井位桩橛，其井位内侧桩橛沿侧石方向应设2个，并要与侧石吻合，防止井子错位，并定出收水井高程
开槽	班组按收水井位置线开槽，井周每边留出30cm的余量，控制设计标高。检查槽深、槽宽，清平槽底，进行素土夯实
浇筑水泥混凝土基础底板	浇筑厚为10cm的C10强度等级的水泥混凝土基础底板，若基底土质软，可打一层15cm厚8%石灰土后，再浇混凝土底板，捣实、养护达一定强度后再砌井体。遇有特殊条件带水作业，经设计人员同意后，可码皱砖并灌水泥砂浆，并将面上用砂浆抹平，总厚度13～14cm，以代基础底板

（续）

步　骤	内　　容
井墙砌筑	① 基础底板上铺砂浆一层，砌筑井座。缝要挤满砂浆，已砌完的四角高度应在同一个水平面上 ② 收水井砌井前，按墙身位置挂线，先找好四角符合标准图尺寸，并检查边线与侧石边线吻合后再向上砌筑，砌至一定高度时，随砌随将内墙用1:2.5水泥砂浆抹里，要抹两遍，第一遍抹平，第二遍压光，总厚1.5cm。抹面要做到密实、光滑、平整、不起鼓、不开裂。井外用1:4水泥砂浆搓缝，也应随砌随搓，使外墙严密 ③ 常温砌墙用砖要洒水，不准用干砖砌筑，砌砖用1:4水泥砂浆 ④ 墙身每砌起30cm及时用碎砖还槽并灌1:4水泥砂浆，也可用C10水泥混凝土回填，做到回填密实，以免回填不实使井周路面产生局部沉陷 ⑤ 内壁抹面应随砌井随抹面，但最多不准超过三次抹面，接缝处要注意抹好压实 ⑥ 当砌至支管顶时，应将露在井内管头与井壁内口相平，用水泥砂浆将管口与井壁接好，周围抹平、抹严。墙身砌至要求标高时，用水泥砂浆卧底，安装铸铁井框、井箅，做到井框四角平稳。其收水井标高控制比路面低1.5～3.0cm，收水井沿侧石方向每侧接顺长度为2m，垂直道路方向接顺长度为50cm，便于聚水和泄水。要从路面基层开始就注意接顺，不要只在沥青表面层找齐 ⑦ 收水井砌完后，应将井内砂浆、碎砖等一切杂物清除干净，拆除管堵 ⑧ 井底用1:2.5水泥砂浆抹出坡向雨水管口的泛水坡 ⑨ 多箅式收水井砌筑方法和单箅式相同。水泥混凝土过梁位置必须要放准确

（2）雨水支管。雨水支管是将收水井内的集水流入雨水管道或合流管道检查井内的构筑物。雨水支管必须按设计图样的管径与坡度埋设，管线要顺直，不得有拱背、洼心等现象，接口要严密。雨水支管的施工方法如下。

1）挖槽。

① 测量人员按设计图上的雨水支管位置和管底高程定出中心线桩橛并标记高程。根据开槽宽度，撒开槽灰线，槽底宽一般采用管径外皮之外每边各宽3.0cm。

② 根据道路结构厚度和支管覆土要求，确定在路槽或一步灰土完成后反开槽，开槽原则是能在路槽开槽就不在一步灰土反开槽，以免影响结构层整体强度。

③ 挖至槽底基础表面设计高程后挂中心线，检查宽度和高程是否平顺，修理合格后再按基础宽度与深度要求，立槎挖土直至槽底做成基础土模，清底至合格高程即可打混凝土基础。

2）四合一法施工。即是基础、铺管、八字混凝土、抹箍同时施工。各项内容见表3-54。

表 3-54 四合一法施工

项目	内容
基础	浇筑强度为 C10 级水泥混凝土基础，将混凝土表面做成弧形并进行捣固，混凝土表面要高出弧形槽 1～2cm，靠管口部位应铺适量 1:2 水泥砂浆，以便稳管时挤浆，使管口与下一个管口黏结严密，以防接口漏水
铺管	（1）在管子外皮一侧挂边线，以控制下管高程顺直度与坡度，洗刷管保持湿润 （2）将管子稳在混凝土基础表面，轻轻揉动至设计高程，注意保持对口和中心位置的准确。雨水支管必须顺直，不得错口，管子间留缝最大不准超过 1cm，灰浆如挤入管内用弧形刷刮除，如出现基础铺灰过低或揉管时下沉过多，应将管子撬起一头或起出管子，铺垫混凝土及砂浆，且重新揉至设计高程 （3）支管接入检查井一端，如果预埋支管位置不准，按正确位置、高程在检查井上凿好孔洞拆除预埋管，堵密实不合格孔洞，支管接入检查井后，支管口应与检查井内壁齐平，不得有探头和缩口现象，用砂浆堵严管周缝隙，并用砂浆将管口与检查井内壁抹严、抹平、压光，检查井外壁与管子周围的衔接处，用水泥砂浆抹严 （4）靠近收水井一端在尚未安收水井时，应用干砖暂时将管口塞堵，以免灌进泥土
八字混凝土	当管于稳好捣固后按要求角度抹出八字
抹箍	管座八字混凝土灌好后，立即用 1:2 水泥砂浆抹箍。抹箍应注意以下几点： （1）抹箍的水泥强度等级宜为 32.5 级及以上，砂用中砂，含泥量不大于 5% （2）接口工序是保证质量的关键，不能有丝毫马虎。抹箍前先将管口洗刷干净，保持湿润，砂浆应随拌随用 （3）抹箍时先用砂浆填管缝压实略低于管外皮，如砂浆挤入管内用弧形刷随时刷净，然后刷宽 8～10cm 水泥素浆一层。再抹管箍压实，并用管箍弧形抹子赶光压实 （4）为保证管箍和管基座八字连接一体，在接口管座八字顶部预留小坑，抹完八字混凝土后立即抹箍，管箍灰浆要挤入坑内，使砂浆与管壁黏结牢固，如图 3-15 所示 （5）管箍抹完初凝后，应盖草袋洒水养护，注意勿损坏管箍

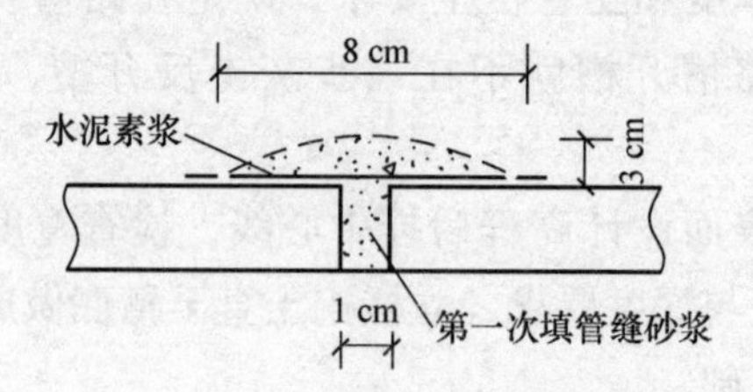

图 3-15 水泥砂浆接口

3）包管加固。凡支管上覆土不足40cm，需上大吨位压路机碾压，应做360°包管加固。在第一天浇筑基础下管，用砂浆填管缝压实略低于管外皮并做好平管箍后，于次日按设计要求打水泥混凝土包管，水泥混凝土必须插捣振实，注意养护期内的养护，完工后支管内要清理干净。

4）支管沟槽回填注意以下几点：

① 回填应在管座混凝土强度达到50%以上方可进行。

② 回填应在管子两侧同时进行。

③ 雨水支管回填要用8%灰土预拌回填，管顶40cm范围内用人工夯实，压实度要与道路结构层相同。

（3）升降检查井。城市道路在路内有雨、污水等各种检查井，在道路施工中，为了保护原有检查井井身强度，一般不准采用砍掉井筒的施工方法。升降检查井的施工方法如下：

1）开槽前用竹竿等物逐个在井位插上明显标记，堆土时要离开检查井0.6～1.0m距离，推土机不准正对井筒直推，以免将井筒挤坏。井周土方采取人工挖除，井周填石灰土基层时，要采用火力夯分层夯实。

2）凡升降检查井取下井圈后，按要求高程升降井筒，如升降量较大，要考虑重新收口，使检查井结构符合设计要求。

3）井顶高程按测量高程在顺路方向井两侧各2m，垂直路线方向井每侧各1m。排十字线稳好井圈、井盖。

4）检查井升降完毕后，立即将检查井内里抹砂浆面，在井内与管头相接部位用1:2.5砂浆抹平压光，把井内泥土杂物清除干净。

5）井周除按原路面设计分层夯实外，在基层部位距检查井外墙皮30cm中间，浇筑一圈厚20～22cm的C30混凝土加固。顶面在路面之下，以便铺筑沥青混凝土面层。在井圈外仍用基层材料回填，注意夯实。

（4）雨期、冬期施工。

1）雨期施工。雨期施工时应注意如下几点：

① 雨期挖槽应在槽帮堆叠土埂，严防雨水进入沟槽造成泡槽。

② 如浇筑管基混凝土过程中遇雨，应立即用草袋将浇好的混凝土全部覆盖。

③ 雨天不宜进行接口抹箍，如必须作业时，要有必要的防雨措施。

④ 砂浆受雨水浸泡，雨停后继续施工时，对未初凝的砂浆可增加水泥，重新拌和使用。

⑤ 沟槽回填前，槽内积水应抽干，淤泥清除干净，方可回填并分层夯实，防止松土淋雨，影响回填质量。

2）冬期施工。冬期施工时应注意如下几点：

① 沟槽当天不能挖够高程者，预留松土，一般厚30cm，并覆盖草袋防冻。

② 挖够高程的沟槽应用草袋覆盖防冻。

③ 砌砖可不洒水，遇雪要将雪清除干净，砌砖及抹井室水泥砂浆可掺盐水以降低冰点。

④ 抹箍用水泥砂浆应用热水拌和，水温不准超过60℃，必要时，可把砂子加热，砂温不应超过40℃，抹箍结束后，立即覆盖草袋保温。沟槽回填不得填入冻块。

第四章

园林供电工程

第一节 园林照明技术

园林照明除了创造一个明亮的园林环境，满足夜间游园活动、节日庆祝活动以及保卫工作需要等功能要求之外，最重要的一点是园林照明与园景密切相关，是创造新园林景色的手段之一。近年来园内各地的溶洞游览、大型冰灯、各式灯会、各种灯光音乐喷泉；园外的“会跳舞的喷泉”“声与光展览”等均是突出地体现了园林用电的特点，并且也是充分和巧妙地利用园林照明等来创造出各种美丽的景色和意境。

【新手必懂知识】照明技术的基本知识

1. 色温与色调

（1）色温。光源的发光颜色与温度有关。当光源的发光颜色与黑体（指能吸收全部光能的物体）加热到某一温度所发出的颜色相同时的温度，称为该光源的颜色温度，简称色温。色温是电光源技术参数之一。用绝对温标 K 来表示。例如：白炽灯的色温为 2 400 ~ 2 900K，管型氙灯为 5 500 ~ 6 000K。

（2）色调。园林工程照明中，电光源的选择还应考虑光源的颜色特性，即色调。暖色能使人感觉距离近些，而冷色则使人感觉距离远些，故暖色是前进色，冷色则是后退色。

暖色里的明色有柔软感，冷色里的明色有光滑感；暖色的物体看起来密度大些、坚固些，而冷色的物体则看起来轻一些。在狭窄的空间宜选冷色里的明色，以造成宽敞、明亮的感觉。一般红色、橙色有兴奋作用，而紫色则有抑制作用。

2. 显色性与显色指数

同一颜色的物体在不同光源照射下，显出不同颜色的特性，称为光源的显色性，用显色指数 Ra 来表示。光源的光照射到物体上时，有一定的失真度。显色指数越高，光源的显色性越好，即颜色失真越小。国际上规定参照光源的显色指数为 100。常见光源的显色指数见表 4-1。

表 4-1 常见光源的显色指数

光 源	显色指数/Ra	光 源	显色指数/Ra
白色荧光灯	65	荧光水银灯	44
日光色荧光灯	77	金属卤化物灯	65

（续）

光　源	显色指数/Ra	光　源	显色指数/Ra
暖白色荧光灯	59	高显色金属卤化物灯	92
高显色荧光灯	92	高压钠灯	29
水　银　灯	23	氙　灯	94

【新手必懂知识】照明方式与质量

1. 园林照明方式

园林照明设计必须对照明方式有所了解，才能正确规划照明系统。其方式可分成以下 3 种。

（1）一般照明。这是不考虑局部的特殊需要，为整个被照场所而设置的照明。这种照明方式的一次投资少，照度均匀。

（2）局部照明。这是对于景区（点）某一局部的照明。当局部地点需要高照度并对照度方向有要求时，宜采用局部照明，但在整个景（区）点不应只设局部照明而无一般照明。

（3）混合照明。由一般照明和局部照明共同组成的照明。在需要较高照度并对照射方向有特殊要求的场合，宜采用混合照明。此时，一般照明照度按不低于混合照明总照度的 5% ~10% 选取，且最低不低于 20lx。

2. 园林照明质量

良好的视觉效果不仅是单纯地依靠充足的光通量，还需要有一定的光照质量要求。园林照明质量主要由 3 个因素决定：照度、照明均匀度和眩光限制。其具体内容见表 4-2。

表 4-2　园林照明质量的决定因素

因　素	内　容
照度	照度是决定物体明亮程度的间接指标。在一定范围内，照度增加，视觉能力也相应提高。园林工程中各类建筑物、道路、庭园等设施的一般照明的照度见表 4-3
照明均匀度	对于园林环境中彼此亮度不相同的表面，当视觉从一个面转到另一个面时，眼睛被迫经过一个适应过程。当适应过程经常反复时，就会产生视觉疲劳。在考虑园林照明时，除满足景色的需要外，还应注意周围环境中的亮度分布应均匀
眩光限制	眩光是指由于亮度分布不适当或亮度的变化幅度太大，或由于在时间上相继出现的亮度相差过大所造成的观看物体时感觉不适或视力降低的视觉条件，是影响照明质量的主要特征。防止产生眩光的方法包括 3 点：注意照明灯具的最低悬挂高度；力求使照明光源来自优越方向；使用发光表面面积大、亮度低的灯具

表 4-3　园林工程中各类设施一般照明的推荐照度

照明地点	推荐照度/lx	照明地点	推荐照度/lx
国际比赛足球场	1000～1500	更衣室、浴室	15～30
综合性体育正式比赛大厅	750～1500	库房	10～20
足球、游泳池、冰球场、羽毛球、乒乓球、台球	200～500	厕所、盥洗室、热水间、楼梯间、走道	5～20
篮、排球场、网球场、计算机房	150～300	广场	5～15
绘图室、打字室、字画商店、百货商场、设计室	100～200	大型停车场	3～10
办公室、图书馆、阅览室、报告厅、会议室、博展馆、展览厅	75～150	庭园道路	2～5
一般性商业建筑（钟表、银行等）、旅游饭店、酒吧、咖啡厅、舞厅、餐厅	50～100	住宅小区道路	0.2～1

【新手必懂知识】电光源及其选择

1. 照明光源

在园林中常用照明光源的主要特性比较及适用场合列于表 4-4 中。

表 4-4　常用园林照明电光源主要特性比较及适用场合

光源名称特性	白炽灯（普通照明灯泡）	卤钨灯	荧光灯	荧光高压汞灯	高压钠灯	金属卤化物灯	管形氙灯
额定功率范围	10～1000	500～2000	6～125	50～1000	250～400	400～1000	1500～100000
光效/(lm/W)	6.5～19	19.5～21	25～67	30～50	90～100	60～80	20～37
平均寿命/h	1000	1500	2000～3000	2500～5000	3000	2000	500～1000
一般显色指数/Ra	95～99	95～99	70～80	30～40	20～25	65～85	90～94
色温/K	2700～2900	2900～3200	2700～6500	5500	2000～2400	5000～6500	5500～6000
功率因数 $\cos\varphi$	1	1	0.33～0.7	0.44～0.67	0.44	0.4～0.01	0.4～0.9
表面亮度	大	大	小	较大	较大	大	大
频闪效应	不明显	不明显	明显	明显	明显	明显	明显

（续）

光源名称特性	白炽灯（普通照明灯泡）	卤钨灯	荧光灯	荧光高压汞灯	高压钠灯	金属卤化物灯	管形氙灯
耐振性能	较差	差	较好	好	较好	好	好
所需附件	无	无	镇流器 起辉器	镇流器	镇流器	镇流器 触发器	镇流器 触发器
适用场合	彩色灯泡：可用于建筑物、商店橱窗、展览馆、园林构筑物、孤立树、树丛、喷泉、瀑布等装饰照明。水下灯泡：可用于喷泉、瀑布等处装饰用。聚光灯：舞台照明、公共场所等作强光照明	适用于广场、体育场建筑物等照明	一般用于建筑物室内照明	广泛用于广场、道路、园路、运动场所等作大面积室外照明	广泛用于道路、园林绿地、广场、车站等处照明	主要可用于广场、大型游乐场、体育场照明及高速摄影等方面	有“小太阳”之称，特别适合于作大面积场所的照明，工作稳定，点燃方便

2. 光源选择

园林照明中，光源的选择要注意如下几点：

（1）一般宜采用白炽灯、荧光灯或其他气体放电光源。但因频闪效应而影响视觉的场合，不宜采用气体放电灯。

（2）振动较大的场所，宜采用荧光高压汞灯或高压钠灯。在有高挂条件又需要大面积照明的场所，宜采用金属卤化物灯、高压钠灯或长弧氙灯。当需要人工照明和天然采光相结合时，应使照明光源与天然光相协调。常选用色温在4 000～4 500K的荧光灯或其他气体放电光源。

（3）色调在园林中显得很重要，同一种物体用不同颜色的光照在上面，在人们视觉上产生的效果是不同的。暖色光红、橙、黄、棕色给人以温暖的感觉，冷色光蓝、青、绿、紫色则给人以寒冷的感觉。光源发出光的颜色直接与人们的情趣——喜、怒、哀、乐有关，应尽力运用光的“色调”来创造一个优美的环境，或是各种有情趣的主题环境。如白炽灯用在绿地、花坛、花径照明，能加重暖色，使之看上去更鲜艳。喷泉中，用各色白炽灯组成水下灯，和喷泉的水柱一起，在夜色下可构成各种光怪陆离、虚幻飘渺的效果，分外吸引游人。而高压钠灯等所发出的光线穿透能力强，在园林中常用于滨河路、河湖沿岸等及云雾多的风景区的照明。常见光源色调见表4-5。

表 4-5 常见光源色调

照明光源	光源色调
白炽灯、卤钨灯	偏红色光
日光色荧光灯	与太阳光相似的白色光
高压钠灯	金黄色、红色成分偏多. 蓝色成分不足
荧光高压汞灯	淡蓝一绿色光，缺乏红色成分
镝灯（金属卤化物灯）	接近于日光的白色光
氙灯	非常接近日光的白色光

3. 灯具的选用

灯具是光源、灯罩及其附件的总称，有装饰灯具和功能灯具两类。装饰灯具以灯罩的造型、色彩为首要考虑因素，而功能灯具却把提高光效、降低眩光、保护光源作为主要选择条件。按照灯具的配光特点和通行的划分方法，可将灯具分为5种类型。各种类型、特点及适用地点见表4-6。

表 4-6 灯具的类型、特点及适用地点

类型	特点	适用地点
直接型灯具	一般由搪瓷、铝和镀银镜面等反光性能良好的不透明材料制成。灯具的上半部几乎没有光线，光通量仅为0~10%；下半部的光通量达90%~100%，光线集中在下半部发出，方向性强，产生的阴影也比较浓	常用在园路边、广场边、园林建筑边
半直接型灯具	这种灯具常用半透明的材料制成开口的呈样式，如玻璃碗形灯罩、菱形灯罩等。它能将较多的光线照射电面或工作面上，又能使空间上半部得到一些亮度，改善了空间下半部的亮度对比关系。上半部的光通量为10%~40%，下半部为60%~90%	可用在冷热饮料厅、音乐茶座等需要照不太大的室内环境中
均匀漫射型灯具	常用均匀漫射透光的材料制成封闭式灯罩，如乳白玻璃球形灯等。灯具上半部和下半部光通量都差不多相等，各为40%~60%。这种灯具损失光线较多，但造型美观，光线柔和均匀	常被用作庭院灯、草坪灯及小游园场地灯
半间接型灯具	灯具上半部用透明材料，下半部用漫射透光材料做成。照射时可使上部空间保持明亮，光通量达60%~90%，而下部空间则显得光线柔和均匀，光通量一般为10%~40%。在使用过程中，上半部容易积上灰尘，会影响灯具效率	主要用于园林建筑的室内装饰照明

（续）

类　型	特　点	适用地点
间接型灯具	灯具下半部用不透光的反光材料做成，光通量仅 0～10%。光线全部由上半部射出，经顶棚再向下反射，上半部可具有 90%～100% 的光通量。这种灯具的光线柔和均匀，能最大限度地减弱阴影和眩光，但光线的损失量很大，使用起来不太经济	主要是作为室内装饰照明灯具

按照灯具的结构方式来划分，还可以将灯具分成 4 种类型，即：光源与外界环境直接相通的开启式灯具、具有能够透气的闭合透光罩的保护式灯具、透光罩内外隔绝并能够防水防尘的密闭式灯具和在任何条件下也不会引起爆炸的防爆式灯具。

【新手必懂知识】园林照明原则

公园、绿地的室外照明，由于环境复杂，用途各异，变化多端，为了突出不同位置的园景特征，灯光的使用也要有所区别。园林照明一般遵循的原则见表 4-7。

表 4-7　园林照明原则

原　则	内　容
应结合园林景观的特点	不要泛泛设置照明措施，而应结合园林景观的特点，以能最充分体现其在灯光景观效果为原则来设置照明措施
灯光的方向和颜色选择	关于灯光的方向和颜色的选择，应以能增加树木、灌木和花卉的美观为主要前提。如针叶树只在强光下才反映良好，一般只宜于采取暗影处理法。又如，阔叶树种白桦、垂柳、枫等对泛光照明有良好的反映效果；白炽灯包括反射型，卤钨灯却能增加红、黄色花卉的色彩，使它们显得更加鲜艳，小型投光器的使用会使局部花卉色彩绚丽夺目；汞灯使树木和草坪的绿色鲜明夺目等
水景照明景观效果	对于水面、水景照明景观的处理上，注意如以直射光照在水面上，对水面本身作用不大，但却能反映其附近被灯光所照亮的小桥、树木或园林建筑呈现出波光粼粼，有一种梦幻似的意境。而瀑布和喷水池却可用照明处理得很美观，不过灯光须透过流水以造成水柱的晶莹剔透、闪闪发光。无论是在喷水的四周，还是在小瀑布流入池塘的地方，均宜将灯光置于水面之下。在水下设置灯具时，应注意使其在白天难于发现隐藏在水中的灯具，但也不能埋得过深，否则会引起强光的减弱。一般安装在水面以下 30～100mm 为宜。进行水景的色彩照明时，常使用红、蓝、黄三原色，其次使用绿色 某些大瀑布采用前照灯光的效果很好，但如让设在远处的投光灯直接照在瀑布上，效果并不理想。潜水灯具的应用效果颇佳，但需特殊的设计

（续）

原　则	内　容
公园和绿地的主要园路	对于公园和绿地的主要园路，宜采用低功率的路灯装在3～5m高的灯柱上，柱距20～40m，效果较好，也可每柱两灯，需要提高照度时，两灯齐明。也可隔柱设置控制灯的开关，来调整照明。也可利用路灯灯柱装以150W的密封光束反光灯来照亮花圃和灌木 在一些局部的假山、草坪内可设地灯照明，如要在内设灯杆装设灯具时，其高度应在2m以下
注意路旁树木对道路照明	在设计公园、绿地园路装照明灯时，要注意路旁树木对道路照明的影响，为防止树木遮挡可以采取适当减少灯间距，加大光源的功率以补偿由于树木遮挡所产生的光损失，也可以根据树型或树木高度不同，安装照明灯具时，采用较长的灯柱悬臂，以使灯具突出树外缘外或改变灯具的悬挂方式等以弥补光损失
隐蔽照明设备	无论是白天或黑夜，照明设备均需隐蔽在视线之外，最好全部敷设电缆线路
其他	彩色装饰灯可创造节日气氛，特别反映在水中更为美丽，但是这种装饰灯光不易获得一种宁静、安详的气氛，也难以表现出大自然的壮观景象，只能有限度地调剂使用

【新手必懂知识】园林照明设计

1. 相关资料的准备

在进行园林照明设计以前，应具备下列一些原始资料。

（1）公园、绿地的平面布置图及地形图，必要时应有该公园、绿地中主要建筑物的平面图、立面图和剖面图。

（2）该公园、绿地对电气的要求（设计任务书），特别是一些专用性强的公园、绿地照明，应明确提出照度、灯具选择、布置、安装等要求。

（3）电源的供电情况及进线方位。

2. 照明设计步骤

（1）明确照明对象的功能和照明要求。

（2）选择照明方式，可根据设计任务书中公园、绿地对电气的要求，在不同的场合地点，选择不同的照明方式。

（3）光源和灯具的选择，主要是根据公园、绿地的配光和光色要求，与周围景色配合等来选择光源和灯具。

（4）灯具的合理布置。除考虑光源光线的投射方向、照度均匀性等，还应考虑经济、安全和维修方便等。

（5）进行照度计算。具体照度计算可参考有关照明手册。

第二节　园林灯光造景和造型

【新手必懂知识】园灯的构造类型

1. 园灯的构造

园灯主要由灯罩、灯柱、基座及基础四部分组成。

灯罩：保护光源，变直接发光源为散射光或反射光，用乳白玻璃灯罩或有机玻璃制成，可避免刺目的眩光。

灯柱：支撑光源及确定光源的高度，常用的有钢筋混凝土灯柱、金属灯柱、木灯柱等。

基座：固定并保护灯柱，使灯柱近人流部分不受撞击，一般可用天然石块加工而成，或用混凝土、砖块、铸铁等制成。

基础：稳定基座，使其不下沉，可用素混凝土或碎砖、三合土等材料。

园灯可使用不同的材料，设计出不同造型。园灯如果选用合适，能在以山水、花木为主体的自然园景中起到很好的点缀作用。园灯的造型有几何形与自然形之分。选用几何造型可以突出灯具的特征而形成园景的变化；采用自然造型则能与周围景物相和谐而达到园景的统一。

2. 园灯的类型

（1）杆头式照明器。杆头式照明器的照射范围较大，光源距地较远，主要用于广场、路面或草坪等处，渲染出静谧、柔和的气氛。过去常用高压汞灯作为光源，现在为了高效、节能，广泛采用钠灯。

（2）投光器。将光线由一个方向投射到需要照明的物体上，可产生欢快、愉悦的气氛。使用一组小型投光器，并通过精确的调整，使之形成柔和、均匀的背景光线，可以勾勒出景物的外形轮廓，就成了轮廓投光灯。投射光源可采用一般的白炽灯或高强放电灯。为免游人受直射光线的影响，应在光源上加装挡板或百叶板，并将灯具隐蔽起来。

（3）埋地灯。埋地灯外壳由金属构成，内用反射型灯泡，上面装隔热玻璃。埋地灯常埋置于地面以下，主要用于广场地面，有时为了创造一些特殊的效果，也用于建筑、小品、植物的照明。

（4）低照明器。低照明器主要用于草坪、园路两旁、墙垣之侧或假山、岩洞等处渲染特殊的灯光效果。其光源高度设置在视平线以下，可用磨砂或乳白玻璃罩护光源，或者为避免产生眩光而将上部完全遮挡。

（5）水下照明彩灯。水下照明彩灯主要由金属外壳、转臂、立柱以及橡胶密封圈、耐热彩色玻璃、封闭反射型灯泡、水下电缆等组成，有红、黄、绿、蓝、紫、琥珀等颜色，可安装在水下30～1000mm处，是水景照明和彩色喷泉的重要组成部分。

【新手必懂知识】园林灯光照明类型

园林灯光照明可以分为环境照明、重点照明、工作照明和安全照明，具体内容见表4-8。

表4-8　园林灯光照明类型

类　型	特　　点
环境照明	环境照明不是专为某一物体或某一活动而设，主要提供一些必要光亮的附加光线，让人们感受到或看清周围的事物。环境照明应注意以下几点： （1）环境照明的光线应该是柔和地弥漫在整个空间，具有浪漫的情调，所以通常应消除特定的光源点 （2）可以利用匀质墙面或其他物体的反射使光线变得均匀、柔和，也可以采用地灯、光纤、霓虹灯等，以形成一种充满某一特定区域的散射光线 （3）可用特殊灯具，以适宜的光色予以照明 （4）隐藏灯具，避免眩光 （5）可根据需要考虑其经济性
重点照明	重点照明是指为强调某些特定目标而进行的定向照明。为了使园林充满艺术韵味，在夜晚可以用灯光强调某些要素或细部，即选择定向灯具将光线对准目标，使这些物体打上一定强度的光线，而让其他部位隐藏在弱光或暗色之中，从而突出意欲表达的物体，产生特殊的景观效果。重点照明设计应符合下列要求： （1）明、暗要根据需要进行设计，有时需要暗光线营造气氛 （2）照度要有差别，不可均一，以造成不同的感受 （3）需将阴影夸大，从而起到突出重点的作用 （4）可根据需要考虑其经济性 重点照明须注意灯具的位置。使用带遮光罩的灯具以及小型的、便于隐藏的灯具可减少眩光的刺激，同时还能将许多难于照亮的地方显现在灯光之下，产生意想不到的效果，使人感到愉悦和惊异
工作照明	工作照明是为特定活动所设，应符合下列要求： （1）所提供的光线应该无眩光、无阴影，以便使活动不受夜色的影响 （2）要注意对光源的控制，即在需要时光源能够很容易地被打开，而在不使用时又能随时关闭，恢复场地的幽邃和静谧
安全照明	为确保夜间游园、观景的安全，需要在广场、园路、水边、台阶等处设置灯光，让人能够清晰地看清周围的高差障碍；在墙角、屋隅、丛树之下布置适当的照明，给人以安全感。安全照明的设计应符合下列要求： （1）有必要的亮度 （2）光线连续、均匀 （3）可单独设置，也可与其他照明一并考虑 （4）照明方案经济

【新手必懂知识】灯光运用形式

园林工程中的灯光运用形式大致可分为场地照明、道路照明、建筑照明、植物照明和水景照明。

1. 场地照明

园林场地照明范围较大，人流聚集，不同的场地，其照明要求也不一样。具体内容见表4-9。

表4-9　园林场地照明

场地类型	灯光布置要求
大面积园林场地	大面积的园林场地如园林广场、门景广场、停车场等，一般选用钠灯、氙灯、高压汞灯、钨灯等功率大、光效高的光源，采用杆式路灯的方式布置广场的周围，间距为10～15m。若在特大的广场中采用氙灯作光源，也可在广场中心设立钢管灯柱，直径25～40cm，高20m以上。对大型场地的照明可以不要求照度均匀。对重点照明对象，可以采用大功率的光源和直接型灯具，进行突出性的集中照明。而对一般的或次要的照明对象，则可采用功率较小的光源和漫射型、半间接型灯具实行装饰性的照明
小面积园林场地	要考虑场地面积大小和场地形状对照明的要求。小面积场地的平面形状若是矩形的，则灯具最好布置在2个对角上或在4个角上都布置；灯具布置最好要避开矩形边的中段。圆形的小面积场地，灯具可布置在场地中心，也可对称布置在场地边沿。面较小的场地一般可选用卤钨灯、金属卤化物灯和荧光高压汞灯等为光源。休息场地面积一般较小，可用较矮的柱式庭院灯布置在四周，灯具间距可以小一些，在10～15m之间即可。光源可采用白炽灯或卤钨灯，灯具既可采用直接型的，也可采用漫射型的。直接型灯具适宜于阅读、观看和观影要求的场地，如露天茶园、棋园和小型花园等。漫射型灯具则宜设置在不必清楚分辨环境的一些休息场地，如小游花园的座椅区、园林中的露天咖啡座、冷热饮座、音乐茶座等
游乐或运动场地	游乐或运动场地因动态物多，运动性强，在照明设计中要注意不能采用频闪效应明显的光源，如荧光高压汞灯、高压钠灯、金属卤化物灯等，而要采用频闪效应不明显的卤钨灯和白炽灯。灯具一般以高杆架设方式布置在场地周围
园林草坪场地	一般以装饰性为主，但为了体现草坪在晚间的景色，也需要有一定的照度。对草坪照明和装饰效果最好的是矮柱式灯具和低矮的石灯、球形地灯、水平地灯等，由于灯具比较低矮，能够很好地照明草坪，并使草坪具有柔和的、朦胧的夜间情调。灯具一般布置在距草坪边线1.0～2.5m的草坪上；若草坪很大，也可在草坪中部均匀地布置一些灯具。灯具的间距可在8～15m之间，其光源高度可在0.5～15m之间。灯具可采用均匀漫射型和半间接型的，最好在光源外设有金属网状保护罩，以保护光源不受损坏。光源一般要采用照度适中的、光线柔和的、漫射型的一类，如装有乳白玻璃灯罩的白炽灯、装有磨砂玻璃罩的普通荧光灯和各种彩色荧光灯、异形的高效节能荧光灯等

2. 道路照明

道路类型丰富，用途各异。对于园林中可能会有车辆通行的主干道和次要道路，需要采用具有一定亮度且均匀的连接照明，使行人及部分车辆能够准确识别路上的情况，所以应根据安全照明要求设计。对于游憩小路则除了需要照亮路面外，还希望营造出一种幽静、祥和的氛围，因而用环境照明的手法可使其融入柔和的光线之中。采用低杆园灯的道路照明应避免直射灯光耀眼，通常可用带有遮光罩的灯具，将视平线以上的光线予以遮挡；或使用乳白灯罩，使之转化为散射光源。

3. 建筑照明

（1）公园大门和主体建筑照明。公园大门建筑和主体建筑如楼阁、殿堂、高塔等，以及水边建筑如亭、廊、榭、舫等，常可进行立面照明，用灯光来突出建筑的夜间艺术形象。建筑立面照明的方法有用灯串勾勒轮廓和用投光灯照射两种。

（2）建筑物轮廓线彩灯装置。沿着建筑物轮廓线装置成串的彩灯，能够在夜间突出园林建筑的轮廓。彩灯本身也显得光华绚丽，可增加环境的色彩氛围。这种方法耗电量很大，对建筑物的立体表现和细部表现不太有利，一般只作为园林大门建筑或主体建筑装饰照明所用；但在公园举行灯展、灯会活动时，这种方法就可用作普遍装饰园林建筑的照明方法。

（3）建筑立面照明。采用投光灯照射建筑立面，能够较好的突出建筑的立体性和细部表现；不但立体感强、照明效果好，而且耗电较小，有利于节约用电。这种方法一般可用在园林大门建筑和主体建筑的立面照明上。投光灯的光色还可以调整为绿色、蓝色、红色等，使建筑立面照明的色彩渲染效果更好，色彩氛围和环境情调也会更浓郁。

4. 植物照明

植物照明应运用低照明器将阴影和被照亮的花木组合在一起。利用不同灯光组合，体现园林植物的质感。将灯具安置在树枝之间，创造“月光效果”。

5. 水景照明

水景照明形式多样，大型的喷泉使用红色、橘黄、蓝色和绿色的光线进行投射，可产生欢快的气氛。小型水池运用一些更为自然的光色可使人感到亲切。位于水面以上的灯具应将光源甚至整个灯具隐在花丛之中或者池岸、建筑的一侧，即将光源背对着游人，以避免眩光刺眼。跌水、瀑布中的灯具可以安装在水流的下方，这不仅能将灯具隐藏起来，而且可以照亮潺潺流水，显得十分生动。静态水池照明应将灯具抬高，使之贴近水面，并增加灯具数量，使之向上照亮周围的花木，以形成倒影。

【新手必懂知识】园林灯光造景方法

1. 用灯光强调主景

为了突出园林的主景或各个局部空间中的重要景点，可以采取直接型的灯具从前侧对着主景照射，使主景的亮度明显大于周围环境的亮度，从而鲜明突出地表现主景，强调主景。园林中的雕塑、照壁、主体建筑等，常以上述方法进行照明强调。用灯光强调主景需要注意：灯具不宜设在前方，正前方的投射光对被照物的立面有一定削弱作用；一般也不设在主景的后面，若在后面，就将会造成眩光并使主景正面落在影中，不利于主景的表现；除非是特意为了用灯光来勾勒主景的轮廓，否则都不要从后面照射主景。

在对园林主体建筑或重要建筑加以强调时，也可以采用灯光照射来强调。如果充分利用建筑物的形象特点和周围环境的特点，有选择地进行照明，就能够获得建筑立面照明的最大艺术效应。例如：建筑物的水平层次形状、竖向垂直线条、长方体形、圆柱体形等形状要素，都可以通过一定方向光线的投射、烘托而富于艺术性的表现；利用建筑物近旁的水池、湖泊作为夜间一个黑色投影面，使被照明的建筑物在水中倒映出来，可获得建筑物与水景交相映衬的效果；将投光灯设置在稀树之后，透过稀疏枝叶向建筑照射，可在建筑物墙面投射出许多光斑、黑影，也进一步增强了建筑物的光影表现。

2. 用色光渲染氛围

利用灯光对园林夜间景物以及园林空间进行照射赋色，能够很好地渲染氛围和夜间情调。这种渲染可以从地面、夜空和动态音画 3 个方面进行。

（1）地面色光渲染。园林中的草坪、花坛、树丛、亭廊、曲桥、山石甚至铺装地面等，都可以在其边缘设置投射灯具，利用灯罩上不同颜色的透色片透出各色灯光，来为地面及其景物赋色。亭廊、曲桥、地面用各种色光都可以，但是草坪、花坛、树丛不能用蓝、绿色光，这是由于在蓝、绿色光照射下，生活的植物却仿佛成了人造的塑料植物，会给人虚假的感觉。

（2）夜空色光渲染。对园林夜空的色彩渲染有漫射型渲染和直射型渲染 2 种方式。

1）漫射型渲染。这是用大功率的光源置于漫射性材料制作的灯罩内，向上空发出色光。这种方式的照射距离比较短，因此只能在较小范围内造成色光氛围。

2）直射型渲染。这种方式是用方向性特强的大功率探照灯，向高空发射光柱。若干光柱相互交叉晃动、扫射，形成夜空中的动态光影景观。探照灯光一般不加色彩，若成为彩色光柱，则照射距离就会缩短了。对夜空进行色光渲染，在灯具上还可以作些改进，加上一些旋转、摇摆、闪烁和定时亮灭的功能，使夜空中的光幕、光柱、光带、光带等具有各种形式的动态效果。

（3）动态音画渲染。在园景广场、公园大门内广场以及一些重点的灯展场地，采用巨型电视屏播放电视节目、园景节目或灯展节目，以音画结合的方式来渲染园林夜景，能够增强园林夜景的动态效果。此外，也可以对园林中一些照壁或建筑山墙墙面进行灯光投射，在墙面投影出各种图案、文字、动物、人物等简单的形象，可以进一步丰富园林夜间景色。

3. 园林灯光造型

灯光、灯具还有装饰和造型的作用。特别是在灯展、灯会上，灯的造型千变万化，绚丽多彩，成为夜间园林的主要景观。

（1）图案与文字造型。用灯饰制作图案与文字，应采用美耐灯、霓虹灯等管状的易于加工的装饰灯。先要设计好图案和文字，然后根据图案文字制作其背面的支架，支架一般用钢筋和角钢焊接而成。将支架焊稳焊牢之后，再用灯管照着设计的图样做出图案和文字来。为了以后方便更换烧坏的灯管，图样中所用灯管的长度不必要求很长，短一点的灯管多用几根也是一样的。由于用作图案文字造型的线形串灯具有管体柔软、光色艳丽、绝缘性好、防水节能、耐寒耐热、适用环境广、易于安装和维护方便等优点，因而在字形显示、图案显示、造型显示和轮廓显示等多种功能中应用十分普遍。

（2）装饰物造型。利用装饰灯还可以做成一些装饰物，用来点缀园林环境。如用满天星串灯组成一条条整齐排列的下垂的光串，可做成灯瀑布，布置在园林环境中或公共建筑的大厅内，能够获得很好的装饰效果。在园路路口、桥头、亭子旁、广场边等地，可以在4～7m高的钢管灯柱顶上安装许多长度相等的美耐灯软管，从柱顶中心向周围披散展开，组成如椰子树般的形状，即为灯树。用不同颜色的灯饰，还可以组合成灯拱门、灯宝塔、灯花篮、灯座钟、灯涌泉等多姿多彩的装饰物。

（3）激光照射造型。在应用探照灯等直射光源以光柱照射夜空的同时，还可以使用新型的激光射灯在夜空中创造各种光的形状。激光发射器可发出各种可见的色光，并且可随意变化光色。各种色光可以在天空中绘出多种曲线、光斑、图案、花形、人形甚至写出一些文字来，使园林的夜空显得无比奇幻和奥妙，具有很强的观赏性。

第三节　园林供电设计

【高手必懂知识】园林供电设计内容及程序

1. 园林供电设计内容

园林供电在设计时必须保证其工作可靠、运动灵活、检修方便，符合供电质量要求并能适应发展的需要，供电设计内容包括：确定各种园林设施中的用电量，选择变压器的数量及容量；确定电源供给点进行供电线路的配置；进行配电导线截面的计算和选择；绘制电力供电系统图、平面图。

2. 园林供电设计程序

（1）收集资料。园林供电设计正式开始之前，应收集有关资料，包括：园内各建筑、用电设备、给水排水、暖通等平面布置图及主要剖面图，并附各用电设备的名称、额定容量、额定电压、周围环境等；了解各用电设备及用电点对供电可靠性的要求；供电部门同意供给的电源容量；供电电源的电压、供电方式（架空线或电缆线、专用线或非专用线）、进入园内的方向及具体位置；当地电价及电费收取方法；气象、地质资料。

（2）分析资料、测算负荷。根据所收集到的资料，认真分析研究，对用电负荷水平进行测算。

1）确定电源：根据负荷及电源条件确定供电电源方式与配电变压器的容量和位置。

2）选择优化方案：根据负荷分布情况，拟订几个电网接线方案，经过技术经济比较后，确定最佳方案。

3）征求意见，调整方案：考查园林供电的有关规定，听取有关部门和专家的意见，兼顾各方利益，调整设计方案。

4）预算投资：根据最后确定的方案，预算建设资金及材料设备需要量。

5）编制文件，绘制设计图表。

【高手必懂知识】公园用电的估算

园林工程用电量分为动力用电和照明用电，即：

$$S_{总}=S_{动}+S_{照}$$

式中 $S_{总}$——公园用电计算总容量；

$S_{动}$——动力设备所需总容量；

$S_{照}$——照明用电总计算容量。

1. 动力用电量估算

园林工程动力用电具有较强的季节性和间歇性，因而对动力用电进行估算时应将季节性和间歇性因素考虑周全，动力用电可用下式进行估算：

$$S_{动}=K_c\sum P_{动}/(\eta\cos\varphi)$$

式中 $\sum P_{动}$——各动力设备铭牌上额定功率的总和（kW）；

η——动力设备的平均效率，一般可取0.86；

$\cos\varphi$——各类动力设备的功率因数，一般为0.6～0.95，计算时可取0.75；

K_c——各类动力设备的需要系数。由于各台设备不一定都同时满负荷运行，因此计算容量时需打一折扣，此系数大小具体可查有关设计手册，估算时可取0.5～0.75（一般可取0.70）。

2. 照明用电估算

照明设备的容量在初步设计中可按不同性质建筑的单位面积照明容量来估算：

$$P=SW/1000$$

式中 P——照明设备容量（kW）；

S——建筑物平面面积（m^2）；

W——单位容量（W/m^2）。

【高手必懂知识】变压器的选择

1. 原则

在一般情况下，园林照明供电和动力负荷可共用同一台变压器供电。选择变压器时，应根据园林绿地的总用电量的估算值和当地高压供电线电压值来进行。变压器的容量选择和确定变压器高压侧的电压等级。在确定变压器容量的台数时，要从供电的可靠性和技术经济上的合理性综合考虑。

2. 变压器容量的台数确定

确定变压器容量的台数原则如下。

（1）变压器的总容量必须大于或等于该变电所的用电设备总计算负荷，即：

$$S_{额}\geqslant S_{选用}$$

式中 $S_{额}$——变压器额定容量；

$S_{选用}$——实际的估算选用容量。

（2）一般变电所只选用 1～2 台变压器，且其单台容量一般不应超过 1000kVA，尽量以 750kVA 为宜。这样可使变压器接近负荷中心。

（3）当动力和照明共用一台变压器时，如果动力严重影响照明质量，可考虑单独设一照明变压器。

（4）在变压器型式方面，如供一般场合使用时，可选用节能型铝芯变压器。

（5）在公园绿地考虑变压器的进出线时，为不破坏景观和游人安全，应选用电缆，以直埋地方式敷设。

【高手必懂知识】配电导线选择

在园林供电系统中，要根据不同的用电要求来选配所用导线或电缆截面的大小。低压动力线的负荷电流较大，一般要先按导线的发热条件来选择截面，然后再校验其电压的损耗和机械强度。低压照明线对电压水平的要求比较高，所以一般都要先按所允许的电压损耗条件来选择导线截面，而后再校验其发热条件和机械强度。

1. 按发热条件选择导线

导线的发热温度不得超过允许值。选择导线时，应使导线的允许持续负荷电流（即允许载流量）I_1 不小于线路上的最大负荷电流（计算电流）I_2，即 $I_1 \geqslant I_2$。

2. 按电压损耗条件选择导线

当电流通过送电导线时，由于线路中存在着阻抗，就必然会产生电压损耗或电压降落。如果电压损耗值或电压降落值超过允许值，用电设备就不能正常使用，因此就必须适当加大导线的截面，使之满足允许电压损耗的要求。

3. 按机械强度来选择导线

安装好的电线、电缆有可能受到风雨、雪雹、温度应力和线缆本身重力等外界因素的影响，这就要求导线或电缆要有足够的机械强度。因此，所选导线的最小截面就不得小于机械强度要求的最小允许截面。架空低压配电线路的最小截面不应小于 $16mm^2$，而用铜绞线的直径则不小于 $3.2mm^2$。

根据以上 3 种方法选出的导线，设计中应以其中最大一种截面为准。导线截面求出之后，就可以从电线产品目录中选用稍大于所求截面的导线，然后再确定中性线的截面大小。

4. 配电线路中性线（零线）截面的选择

选择中性线截面主要应考虑以下条件：三相四线制的中性线截面不小于相线

截面的50%；接有荧光灯、高压汞灯、高压钠灯等气体放电灯具的三相四线制线路，中性线应与三根相线的截面一样大小；单相两线制的中性线应与相线同截面。

【高手必懂知识】配电线路布置方式

1. 配电线路布置的原则

园林绿地布置配电线路时，应注意以下原则：

（1）经济合理、使用维修方便，不影响园林景观，从供电点到用电点，要尽量取近，走直路，并尽量敷设在道路一侧，但不要影响周围建筑、景色和交通。

（2）地势越平坦越好，要尽量避开积水和水淹地区，避开山洪或潮水起落地带。

（3）在各具体用电点，要考虑到将来发展的需要，留足接头和插口，尽量经过能开展活动的地段。

总之，对于用电问题，应在公园绿地平面设计时做出全面安排。

2. 线路敷设形式

（1）架空线。架空线工程简单，投资费用少，易于检修，但影响景观，妨碍种植，安全性差，仅常用于电源进线侧或在绿地周边不影响园林景观处。

（2）地下电缆。地下电缆的优缺点正与架空线相反。目前在公园绿地中尽量采用地下电缆，尽管它一次性投资大些，但从长远的观点和发挥园林功能的角度出发，还是经济合理的。当然，最终采用什么样的线路敷设形式，应根据具体条件，进行技术经济的评估之后才能定。

3. 园林供电线路布置方式

为用户配电主要是通过配电变压器降低电压后，通过一定的低压配电方式输送到用户设备上。在到达用户设备之前的低压配电线布置形式见表4-10。

表4-10　园林供电线路布置方式

方　式	内　　容
链式线路	如图4-1a所示。从配电变压器引出的380V/220V低压配电主干线顺序地连接起几个用户配电箱，其线路布置如同链条状。这种线路布置形式适宜在配电箱设备不超过5个的较短的配电干线上采用

（续）

方　式	内　　容
环式线路	如图4-1b所示。通过从变压器引出的配电主干线，将若干用户的配电箱顺序地联系起来，而主干线的末端仍返回到变压器上。这种线路构成了一个闭合的环，环状电路中任何一段线路发生故障，都不会造成整个配电系统断电。这种方式供电的可靠性比较高，但线路、设备投资也相应要高一点
放射式线路	如图4-1c所示。由变压器的低压端引出低压主干线至各个主配电箱，再由每个主配电箱各引出若干条支干线连接到各个分配电箱，最后由每个分配电箱引出若干小支线，与用户配电板及用电设备连接起来。这种线路分布是呈三级放射状的，供电可靠性高，组线路和开关设备等投资较大，所以较适合用电要求比较严格、比较大的用户地区
树干式线路	如图4-1d所示。从变压器引出主干线，再从主干线上引出若干条支干线，从每一条支干线上再分出若干支线与用户设备相连。这种线路呈树木分枝状，减少了许多配电箱及开关设备，故投资比较少。但若是主干线出故障，则整个配电线路即不能通电，所以，这种形式用电的可靠性不太高
[illegible]	即采用前面两种以上形式进行线路布局，构成混合了几种布置形式优点的线路系统。例如：在一个低压配电系统中，对一部分用电要求较高的负荷，采用局部的放射式或环式线路，对另一部分用电要求不高的用户，则可采用树干式局部线路，整个线路则构成了混合式

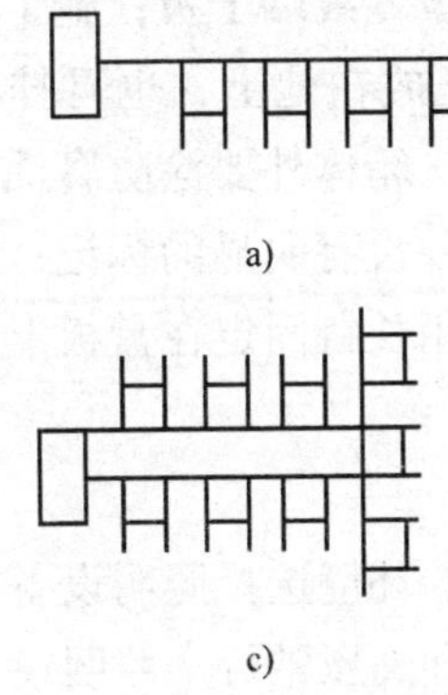

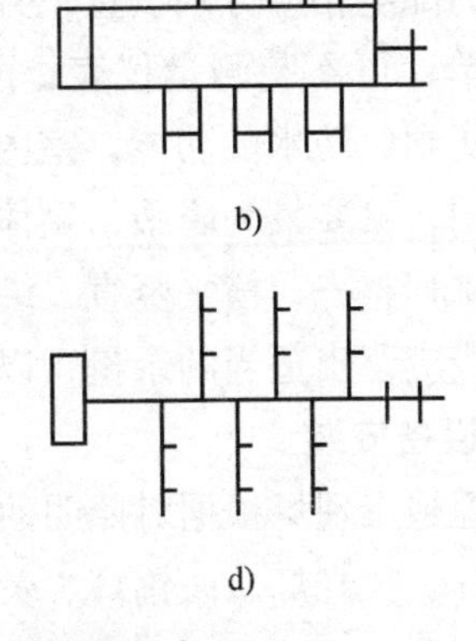

图4-1　低压配电线路的布置方式

a）链式线路　b）环式线路　c）放射式线路　d）树干式线路

第四节 园林供电线路配置

【高手必懂知识】施工现场临时电源设施安装与维护

园林工程现场施工时，施工人员的日常生活、照明以及现场设备都需要用电作为动力源。为保证施工现场工作人员的生活及工作能够顺利进行，需要在施工现场配备临时的用电设施。

1. 施工现场低压配电线路架设

施工现场的低压配电线路，绝大多数是三相四线制供电，可提供 380V 和 220V 两种电压，供不同负荷选用。施工现场的低压配电线路，一般采用架空敷设，要求：电杆应完好无损，不得有倾斜、下沉和杆基积水等现象；不得架设裸导线，线路与施工建筑物的水平距离不得小于 10m；与地面的垂直距离不得小于 6m，跨越建筑物时与其顶部的垂直距离不得小于 2. 5m；各种绝缘导线均不得成束架空敷设，无条件做架空线路的工程地段，应采用护套电缆线；配电线路 [illegible] 敷设在树上或沿地面明敷设，埋地敷设必须穿管；建筑施工用的垂直 [illegible] 应采用护套缆线，每层不少于在两处固定；暂时停用的线路应及时 [illegible] 工后随即拆除。

2. 配电箱安装

配电箱是为施工现场临时用电设备设置的电源设施，凡用电场所 [illegible] 大小，均应根据用电情况安装适宜的配电箱。配电箱的安装应符合如下 [illegible] 力和照明用的配电箱应分别设置，且箱内必须装设零线端子板；施工现场 [illegible] 电箱结构简单，可不装测量仪表；配电箱可以立放在地上，也可挂在墙上、[illegible] 上，要具备防雨、防水的功能，室内外均可使用，箱体外要涂防腐油，放置地点既要方便使用，又要较为隐蔽，箱体应有接地线并设有明显的标记；配电箱盘面上的配线应排列整齐，横平竖直，绑扎成束，并用长钉固定在盘板上，盘后引出或引入的导线应留出适当的余量，以利检修。

3. 照明设备安装

园林工程施工现场根据对照明的要求和使用的环境选择照明设备，常用的电光源有白炽灯、荧光灯、卤钨灯、荧光高压汞灯和高压钠灯。照明设备安装应符合下列要求。

（1）施工现场的照明线路，除护套缆线外，应分开设置或穿管敷设；便携

式局部照明灯具用的导线，宜使用橡胶套软线，接地线或接零线应在同一护套内。

（2）灯具与地面的垂直距离不应低于2.5m；投光灯、碘钨灯与易燃物应保持一定的安全距离；流动性碘钨灯采用金属支架安装时应保持稳固并采取接地或接零保护。

（3）每个照明回路的灯和插座数不宜超过25个，且应有15A以下的熔丝保护。

（4）插座接线应具备：单相两孔插座面对插座的右极接相线，左极接零线；单相三孔及三相四孔的保护接地线或保护接零线均应在上孔；交流、直流或不同电压的插座安装在同一场所时，应有明显区别，且插头与插座不能相互插入；螺口灯头的中心触点应接相线，螺纹接零线；每套路灯的相线上应装熔断器，线路进入灯具处应做防水弯；接线时应注意使三相电源尽量对称。

【高手必懂知识】架空线路及杆上电气设备安装

1. 材料（设备）进场验收

材料（设备）进场的验收标准见表4-11。

表4-11　材料（设备）进场的验收标准

项　目	内　　容
钢筋混凝土电杆和其他混凝土制品	（1）在工程规模较大时，钢筋混凝土电杆和其他混凝土制品常常是分批进场的，所以要按批查验合格证 （2）外观检查要求钢筋混凝土电杆和其他混凝土制品，应表面平整，无缺角露筋，每个制品表面有合格印记；钢筋混凝土电杆表面光滑，无纵向、横向裂纹，杆身平直、弯曲，不大于杆长的1/1000
镀锌制品和外线金具	（1）镀锌制品（支架、横担、接地极、防雷用型钢等）和外线金具应按批查验合格证或镀锌厂出具的质量证明书。对进入现场已镀好锌的成品，只要查验合格证书即可；对进货为未镀锌的钢材，经加工后，出场委托进行热浸镀锌后再进现场，这样既要查验钢材的合格证，又要查验镀锌厂出具的镀锌质量证明书 （2）电气工程使用的镀锌制品，在许多产品标准中均规定为热浸镀锌工艺而制成。热浸镀锌的工艺镀层厚，制品的使用年限长，虽然外观质量比镀锌工艺差一些，但电气工程中使用的镀锌横担、支架、接地极和避雷线等以使用寿命为主要考虑因素，况且室外和埋入地下时较多，故要求使用热浸镀锌的制品。外观检查，镀锌层覆盖完整、表面无锈斑，金具配件齐全，无砂眼 （3）当对镀锌质量有异议时，按批抽样送有资质的试验室检测
裸导线	（1）裸导线应查验合格证 （2）外观检查应包装完好，裸导线表面无明显损伤，不松股、扭折和断股（线），测量线径符合制造标准

2. 安装工序交接确认

安装工序交接确认主要包括定位、核图、交接试验、架空线路绝缘检查和相位检查。

（1）定位。架空线路的架设位置既要考虑到地面道路照明、线路与两侧建筑物和树木之间的安全距离，以及接户线接引等因素，又要顾及到电杆杆坑和拉线坑下有无地下管线，且要留出必要的各种地下管线检修移位时因挖土防电杆倒伏的位置，只有这样才能满足功能要求，也是安全可靠的。因而在架空线路施工时，线路方向及杆位、拉线坑位的定位是关键工作，如不依据设计图样位置埋桩确认，后续工作是无法展开的。因此必须在线路方向和杆位及拉线坑位测量埋桩后，经检查确认后，才能挖掘杆坑和拉线坑。

（2）核网。杆坑、拉线坑的深度和坑型关系到线路抗倒伏能力，因此必须按设计图样或施工大样图的规定进行验收，经检查确认后才能立杆和埋设拉线盘。

（3）交接试验。杆上高压电气设备和材料，均要按分项工程中的具体规定进行交接试验合格才能通电。即高压电气设备和材料不经试验不准通电。至于在安装前还是安装后试验，则可视具体情况而定。通常的做法是在地面试验再安装就位，但要注意在安装的过程中不应使电气设备和材料受到撞击和破损，尤其是注意防止电瓷部件的损坏。

（4）架空线路绝缘检查。主要是以目视检查，检查目的是要查看线路上有无树枝、风筝和其他杂物悬挂在上面，经检查无误后，必须是采用单相冲击试验合格后，才能三相同时通电。这一操作要求是为了检查每相对地绝缘是否可靠，在单相合闸的涌流电压作用下是否会击穿绝缘，如果首次贸然三相同时合闸通电，万一发生绝缘击穿，事故的危害后果要比单相合闸绝缘击穿大得多。

（5）相位检查。架空线路的相位检查确认后，才能与接户线连接。这样才能使接户线在接电时不致接错，不使单相220V入户的接线错接成380V入户，也可对有相序要求的保证相序正确，同时对三相负荷的均匀分配也有好处。

3. 电杆的埋设要求

架空线路的杆型、拉线设计及埋设深度在施工设计时，是依据所在地的气象条件、土壤特性、地形情况等因素加以考虑决定的。埋设深度是否足够，涉及线路的抗风能力和稳固性。太深会浪费材料。

单回路的配电线路，电杆埋深不应小于表4-12所列数值。一般电杆的埋深基本上（除15m杆以外）可为电杆高度的1/10加0.7m，拉线坑的深度不宜小于1.2m。电杆坑、拉线坑的深度允许偏差，应不深于设计坑深100mm、不浅于设计坑深50mm。

表 4-12　电杆埋设深度　（单位：m）

杆高	8	9	10	11	12	13	15
埋深	1.50	1.60	1.70	1.80	1.90	2.00	2.30

4. 横担安装

（1）横担安装技术要求。

1）钢筋混凝土电杆使用 U 型抱箍安装水平排列导线横担。在杆顶向下量 200mm，安装 U 型抱箍，用 U 型抱箍从电杆背部抱过杆身，抱箍螺扣部分应置于受电侧，在抱箍上安装好 M 型抱铁，在 M 型抱铁上再安装横担，在抱箍两端各加一个垫圈用螺母固定，先不要拧紧螺母，留有调节的余地，待全部横担装上后再逐个拧紧螺母。

2）电杆导线进行三角排列时，杆顶支持绝缘子应使用杆顶支座抱箍。由杆顶向下量取 150mm，使用 Ω 型支座抱箍时，应将角钢置于受电侧，将抱箍用 M16×70 方头螺栓，穿过抱箍安装孔，用螺母拧紧固定。安装好杆顶抱箍后，再安装横担。横担的位置由导线的排列方式来决定，导线采用正三角排列时，横担距离杆顶抱箍为 0.8m；导线采用扁三角排列时，横担距离杆顶抱箍为 0.5m。

3）横担安装应平整，安装偏差不应超过规定数值：横担端部上下歪斜为 20mm；横担端部左右扭斜为 20mm。

4）带叉梁的双杆组立后，杆身和叉梁均不应有鼓肚现象。叉梁铁板、抱箍与主杆的连接牢固，局部间隙不应大于 50mm。

5）导线水平排列时，上层横担距杆顶距离不宜小于 200mm。

6）10kV 线路与 35kV 线路同杆架设时，两条线路导线之间垂直距离不应小于 2m。

7）高、低压同杆架设的线路，高压线路横担应在上层。架设同一电压等级的不同回路导线时，应把线路弧垂较大的横担放置在下层。

8）同一电源的高、低压线路宜同杆架设。为了维修和减少停电，直线杆横担数不宜超过 4 层（包括路灯线路）。

（2）绝缘子的安装规定。

1）安装绝缘子时，应先清除表面灰土、附着物及不应有的涂料，然后根据要求进行外观检查和测量绝缘电阻。

2）安装绝缘子采用的闭口销或开口销不应有断、裂缝等现象。工程中使用闭口销具有销住可靠、带电装卸灵活的特点。当装入销口后，能自动弹开，不需将销尾弯成 45°，当拔出销孔时，也比较容易。当采用开口销时应对称开口，开口角度应为 30°~60°。工程中严禁用线材或其他材料代替闭口销、开口销。

3）绝缘子在直立安装时，顶端顺线路歪斜不应大于10mm；在水平安装时，顶端宜向上翘起5°～15°，顶端顺线路歪斜应不大于20mm。

4）转角杆安装瓷横担绝缘子，顶端竖直安装的瓷横担支架应安装在转角的内角侧（瓷横担绝缘子应装在支架的外角侧）。

5）全瓷式瓷横担绝缘子的固定处应加软垫。

5. 电杆杆身的调整

（1）调整方法。一人站在相邻未立杆的杆坑线路方向上的辅助标桩处（或其延长线上），面对线路向已立杆方向观测电杆，或通过垂球观测电杆，指挥调整杆身，或使与已立正直的电杆重合。如为转角杆，观测人站在与线路垂直方向或转角等分角线的垂直线（转角杆）的杆坑中心辅助桩延长线上，通过垂球观测电杆，指挥调整杆身，此时横担轴向应正对观测方向。调整杆位，一般可用杠子拨，或用杠杆与绳索联合吊起杆根，使移至规定位置。调整杆面，可用转杆器弯钩卡住，推动手柄使杆旋转。

（2）杆身调整误差。直线杆的横向位移不应小于50mm；电杆的倾斜不应使杆梢的位移大于半个杆梢。转角杆应向外角预偏，紧线后不应向内角倾斜，向外角的倾斜不应使杆梢位移大于一个杆梢。转角杆的横向位移不应大于50mm。终端杆立好后应向拉线侧预偏，紧线后不应向拉线反方向倾斜，向拉线侧倾斜不应使杆梢位移大于一个杆梢。

双杆立好后应正直，位置偏差不应超过下列数值：

1）双杆中心与中心桩之间的横向位移：50mm。

2）迈步：30mm。

3）两杆高低差：20mm。

4）根开：±30mm。

6. 导线架设

导线架设时，线路的相序排列应统一，有利于设计、施工、安全运行。高压线路面向负荷，从左侧起，导线排列相序为L1、L2、L3相；低压线路面向负荷，从左侧起，导线排列相序为L1、N、L2、L3相。电杆上的中性线（N）应靠近电杆，如线路沿建筑物架设时，应靠近建筑物。

（1）导线架设技术要求。

1）架空线路应沿道路平行敷设，并宜避免通过各种起重机频繁活动地区。应尽可能减少同其他设施的交叉和跨越建筑物。

2）架空线路导线的最小截面如下：

①6～10kV线路：铝绞线，居民区35mm²，非居民区25mm²；钢芯铝绞线，居民区25mm²，非居民区16mm²；铜绞线，居民区16mm²，非居民区16mm²。

② 1kV 以下线路：铝绞线 $16mm^2$，钢芯铝绞线 $16mm^2$，钢绞线 $10mm^2$（绞线直径 3.2mm）。

③ 1kV 以下线路与铁路交叉跨越档处，铝绞线最小截面应为 $35mm^2$。

3）6～10kV 接户线的最小截面为：铝绞线 $25mm^2$，铜绞线 $16mm^2$。

4）接户线对地距离，不应小于下列数值：6～10kV 接户线 4.5m；压绝缘接户线 2.5m。

5）跨越道路的低压接户线，至路中心的垂直距离，不应小于下列数值：通车道路 6m；通车困难道路、人行道 3.5m。

6）架空线路的导线与建筑物之间的距离，不应小于表 4-13 所列数值。

7）架空线路的导线与道路行道树间的距离，不应小于表 4-14 所列数值。

8）架空线路的导线与地面的距离，不应小于表 4-15 所列数值。

9）架空线路的导线与山坡、峭壁、岩石之间的距离，在最大计算风偏情况下，不应小于表 4-16 所列数值。

10）架空线路与甲类火灾危险的生产厂房，甲类物品库房及易燃、易爆材料堆场，以及可燃或易燃液（气）体贮罐的防火间距，不应小于电杆高度的 1.5 倍。

11）在离海岸 5km 以内的沿海地区或工业区，视腐蚀性气体和尘埃产生腐蚀作用的严重程度，选用不同防腐性能的防腐型钢芯铝绞线。

表 4-13　导线与建筑物间的最小距离　（单位：m）

线路经过地区	线路电压	
	6～10kV	<1kV
线路跨越建筑物垂直距离	3	2.5
线路边线与建筑物水平距离	1.5	1

注：架空线不应跨越屋顶为易燃材料的建筑物，对于耐火屋顶的建筑物也不宜跨越。

表 4-14　导线与街道行道树间的最小距离　（单位：m）

线路经过地区	线路电压	
	6～10kV	<1kV
线路跨越行道树在最大弧垂情况的最小垂直距离	1.5	1
线路边线在最大风偏情况与行道树的最小水平距离	2	1

表4-15 导线与地面的最小距离 （单位：m）

线路经过地区	线路电压	
	6～10kV	<1kV
居民区	6.5	6
非居民区	5.5	5
交通困难地区	4.5	4

注：1. 居民区指工业企业地区、港口，码头，市镇等人口密集地区。
2. 非居民区指居民区以外的地区，均属非居民区；有时虽有人，有车到达，但房屋稀少，也属非居民区。
3. 交通困难地区——车辆不能到达的地区。

表4-16 导线与山坡、岩石的最小净空距离 （单位：m）

线路经过地区	线路电压	
	6～10kV	<1kV
步行可以到达的山坡	4.5	3
步行可以到达的山坡、峭壁和岩石	1.5	1

（2）紧线。

1）紧线操作步骤。

① 紧线前必须先做好耐张杆、转角杆和终端杆的本身拉线，然后再分段紧线。首先，将导线的一端套在绝缘子上固定好，再在导线的另一端开始紧线工作。

② 在展放导线时，导线的展放长度应比档距长度略有增加，平地时一般可增加2%；山地可增加3%。还应尽量在一个耐张段内，导线紧好后再剪断导线，避免造成浪费。

③ 在紧线前，在一端的耐张杆上，先把导线的一端在绝缘子上做终端固定，然后在另一端用紧线器紧线。

④ 紧线前在紧线段耐张杆受力侧除有正式拉线外，应装设临时拉线。一般可用钢丝绳或具有足够强度的钢线，拴在横担的两端，以防紧线时横担发生偏扭。待紧完导线并固定好以后，才可拆除临时拉线。

⑤ 紧线时在耐张段操作端，直接或通过滑轮组来牵引导线，使导线收紧后，再用紧线器夹住导线。

2）紧线方法。

根据每次同时紧线的架空导线根数，紧线方式有单线法、双线法、三线法等，施工时可根据具体条件采用。紧线方法有两种：一种是导线逐根均匀收紧，另一种是三线同时收紧或两线同时收紧，后一种方法紧线速度快，但需要有较大的牵引力，如利用卷扬机或绞磨的牵引力等。紧线时，一般应做到每根电杆上有

人，以便及时松动导线，使导线接头能顺利地越过滑轮和绝缘子。

一般中小型铝绞线和钢芯铝绞线可用紧线钳紧线，先将导线通过滑轮组，用人力初步拉紧，然后将紧线钳上钢丝绳松开，固定在横担上，另一端夹住导线（导线上包缠麻布）。紧线时，横担两侧的导线应同时收紧，以免横担受力不均而歪斜。

7. 杆上电气设备安装

（1）安装要求。杆上电气设备安装应牢固可靠；电气连接应接触紧密；不同金属连接应有过渡措施；瓷件表面光洁，无裂缝、破损等现象。

（2）变压器及变压器台安装。其水平做倾斜不大于台架根开的1/100；一、二次引线排列整齐、绑扎牢固；油枕、油位正常，外壳干净。

接地可靠，接地电阻值符合规定；套管压线螺栓等部件齐全；呼吸孔道畅通。

（3）跌落式熔断器安装。

1）要求各部分零件完整；转轴光滑灵活，铸件不应有裂纹、砂眼锈蚀。

2）瓷件良好，熔丝管不应有吸潮膨胀或弯曲现象。

3）熔断器安装牢固、排列整齐，熔管轴线与地面的垂线夹角为15°~30°。

4）熔断器水平间距离不小于500mm；操作时灵活可靠，接触紧密。

5）合熔丝管时上触头应有一定的压缩行程；上、下引线压紧；与线路导线的连接紧密、可靠。

（4）断路器和负荷开关安装。

1）其水平倾斜不大于担架长度的1/100。

2）引线连接紧密，当采用绑扎连接时，长度不小于150mm。

3）外壳干净，不应有漏油现象，气压不低于规定值；操作灵活，分、合位置指示正确、可靠；外壳接地可靠，接地电阻值符合规定。

（5）隔离开关。

1）杆上隔离开关的瓷件良好，操作机构动作灵活，隔离刀刃合闸时接触紧密，分闸后应有不小于200mm的空气间隙；与引线的连接紧密、可靠。

2）水平安装的隔离刀刃分闸时，宜使静触头带电。

3）三相运动隔离开关的三相隔离刀刃应分、合同期。

（6）避雷器的瓷套与固定抱箍之间加垫层。安装排列整齐、高低一致；相间距离：1~10kV时，不小于350mm；1kV以下时，不小于150mm。避雷器的引线短而直、连接紧密，采用绝缘线时，其截面要求如下：

1）引上线：铜线不小于16mm^2，铝线不小于25mm^2。

2）引下线：铜线不小于25mm^2，铝线不小于35mm^2，引下线接地可靠，接地电阻值符合规定。与电气部分连接，不应使避雷器产生外加应力。

(7) 低压熔断器和开关安装。要求各部分接触应紧密，便于操作。低压保险丝（片）安装要求无弯折、压偏、伤痕等现象。

(8) 变压器中性点。与接地装置引出干线直接连接。由接地装置引出的干线，以最近距离直接与变压器中性点（N 端子）可靠连接，以确保低压供电系统可靠、安全地运行。

8. 架空线路及杆上电气设备安装的检查试验

(1) 高压部分和低压部分的交接试验。

1) 高压部分的交接试验。架空线及杆上电气设备、绝缘子、高压隔离开关、跌落式熔断器等对地的绝缘电阻，须在安装前逐个（逐相）用 2500V 兆欧表摇测。高压的绝缘子、高压隔离开关、跌落式熔断器还要做交流工频耐压试验，试验数据和时间按现行国家标准《电气装置安装工程电气设备交接试验标准》(GB 50150—2006)执行。

2) 低压部分的交接试验。低压部分的交接试验分为线路和装置两个单元，线路仅测量绝缘电阻，装置既要测量绝缘电阻又要做工频耐压试验。测量和试验的目的，是对出厂试验的复核，以使通电前对供电的安全性和可靠性作出判断电力变压器。

(2) 架空线路及杆上电气设备安装的检查试验项目见表 4-17。

表 4-17 架空线路及杆上电气设备安装的检查试验项目

项　目	内　容
电力变压器	(1) 1600kV · A 及以下油浸式电力变压器试验项目如下：测量绕组连同套管的直流电阻；检查所有分接头的变压比；检查变压器的三相结线组别和单相变压器引出线的极性；测量绕组连同套管的绝缘电阻、吸收比或极化指数；绕组连同套管的交流耐压试验；测量与铁芯绝缘的各紧固件及铁芯接地线引出套管对外壳的绝缘电阻；非纯瓷套管的试验；绝缘油试验；有载调压切换装置的检查和试验；检查相位 (2) 干式变压器的试验项目：测量绕组连同套管的直流电阻；检查所有分接头的变压比；检查变压器的三相结线组别和单相变压器引出线的极性；测量绕组连同套管的绝缘电阻、吸收比或极化指数；绕组连同套管的交流耐压试验；测量与铁芯绝缘的各紧固件及铁芯接地线引出套管对外壳的绝缘电阻；有载调压切换装置的检查和试验；额定电压下的冲击合闸试验；检查相位
高压隔离开关及高压熔断器	(1) 测量绝缘电阻 (2) 测量高压限流熔丝管熔丝的直流电阻 (3) 测量负荷开关导电回路的电阻 (4) 交流耐压试验 (5) 检查操动机构线圈的最低动作电压 (6) 操动机构的试验

（续）

项　目	内　容
高压悬式绝缘子和支柱绝缘子	（1）测量绝缘电阻 （2）交流耐压试验
1kV 以上架空电力线路	（1）测量绝缘子和线路的绝缘电阻 （2）测量 35kV 以上线路的工频参数 （3）检查相位 （4）冲击合闸试验 （5）测量杆塔的接地电阻
杆上低压配电箱和馈电线路	（1）每路配电开关及保护装置的规格、型号，应符合设计要求 （2）相间和相对地间的绝缘电阻值应大于 0.5MΩ （3）电气装置的交流工频耐压试验电压为 1kV，当绝缘电阻值大于 10MΩ 时，可采用 2500V 兆欧表摇测替代，试验持续时间 1min，无击穿闪络现象
接地装置的接地电阻值	架空线路及杆上设备安装的接地装置的接地电阻值必须符合设计要求

【高手必懂知识】变压器的安装

1. 变压器进场验收与安装工序交接确认

（1）变压器进场验收。

1）变压器应查验合格证和随带技术文件及出厂试验记录。

2）外观检查应有铭牌，附件齐全，绝缘件无缺损、裂纹，从而判断到达施工现场前是否因运输、保管不当而遭到损坏。尤其是电瓷、充油、充气的部位要认真检查，充油部分应不渗漏，充气高压设备气压指示应正常，涂层完整。

（2）变压器安装的工序交接确认。

1）变压器的基础验收是土建工作和安装工作的中间工序交接，只有基础验收合格，才能开展安装工作。验收时应该依据施工设计图样核对位置及外形尺寸，并对混凝土强度、基坑回填、集油坑卵石铺设等条件作出判断，是否具备可以进行安装的条件。在验收时，对埋入基础的电线、电缆导管和变压器进出线预留孔及相关预埋件进行检查，经核对无误后，才能安装变压器、箱式变电所。

2）杆上变压器的支架紧固检查后，才能吊装变压器且就位固定。

3）变压器及接地装置交接试验合格，才能通电。除杆上变压器可以视具体情况在安装前或安装后做交接试验外，其他的均应在安装就位后做交接试验。

2. 变压器安装准备

（1）基础验收。

1）轨道水平误差不应超过 5mm。

2）实际轨距不应小于设计轨距，误差不应超过 +5mm。

3）轨面对设计标高的误差不应超过 ±5mm。

（2）开箱检查。

1）设备出厂合格证明及产品技术文件应齐全。

2）设备应有铭牌，型号规格应和设计相符，附件、备件核对装箱单应齐全。

3）变压器、电抗器外表无机械损伤，无锈蚀。

4）油箱密封应良好，带油运输的变压器，油枕油位应正常，油液应无渗漏。

5）变压器轮距应与设计相符。

6）油箱盖或钟罩法兰连接螺栓齐全。

7）充氮运输的变压器及电抗器，器身内应保持正压，压力值不低于0.01MPa。

（3）器身检查方法见表4-18。

表4-18　器身检查方法

项　　目	内　　容
免除器身检查的条件	满足下列条件之一时，可不必进行器身检查： （1）制造厂规定可不作器身检查者 （2）容量为1 000kV·A及以下、运输过程中无异常情况者 （3）就地生产仅作短途运输的变压器、电抗器，如果事先参加了制造厂的器身总装，质量符合要求，且在运输过程中进行了有效的监督，无紧急制动、剧烈震动、冲撞或严重颠簸等异常情况者
器身检查要求	（1）周围空气温度不宜低于0℃，变压器器身温度不宜低于周围空气温度，当器身温度低于周围空气温度时，应加热器身，宜使其温度高于周围空气温度10℃ （2）当空气相对湿度小于75%时，器身暴露在空气中的时间不得超过16h （3）调压切换装置吊出检查、调整时，暴露在空气中的时间应符合表4-19规定 （4）时间计算规定，带油运输的变压器、电抗器，由开始放油时算起，不带油运输的变压器、电抗器，由揭开顶盖或打开任一堵塞算起，到开始抽真空或注油为止，空气相对湿度或露空时间超过规定时，必须采取相应的可靠措施 （5）器身检查时，场地四周应清洁和有防尘措施，雨雪天或雾天，不应在室外进行
器身检查的主要内容	（1）运输支撑和器身各部位应无移动现象，运输用的临时防护装置及临时支撑应予拆除，并经过清点做好记录以备查 （2）所有螺栓应紧固，并有防松措施；绝缘螺栓应无损坏，防松绑扎完好 （3）铁芯应无变形，铁轮与夹件间的绝缘垫应良好；铁芯应无多点接地；铁芯外引线接地的变压器，拆开接地线后铁芯对地绝缘应良好；打开夹件与铁轮接地片后，铁轮螺杆与铁芯、铁轮与夹件、螺杆与夹件间的绝缘应良好；当铁轮采用钢带绑扎时，钢带对铁轮的绝缘应良好；打开铁芯屏蔽接地引线，检查屏蔽绝缘应良好；打开夹件与线圈压板的连线，检查压钉绝缘应良好；铁芯拉板及铁轮拉带应紧固，绝缘良好（无法打开检查铁芯的可不检查） （4）绕组绝缘层应完整，无缺损、变位现象；各绕组应排列整齐，间隙均匀，油路无堵塞；绕组的压钉应紧固，防松螺母应锁紧

（续）

项　目	内　容
器身检查的主要内容	（5）绝缘围屏绑扎牢固，围屏上所有线圈引出处的封闭应良好 （6）引出线绝缘包扎紧固，无破损、折弯现象；引出线绝缘距离应合格，固定牢靠，其固定支架应紧固；引出线的裸露部分应无毛刺或尖角，且焊接应良好；引出线与套管的连接应牢靠，接线正确 （7）无励磁调压切换装置各分接点与线圈的连接应紧固正确；各分接头应清洁，且接触紧密，引力良好；所有接触到的部分，用规格为0.05mm×10mm塞尺检查，应塞不进去；转动接点应正确地停留在各个位置上，且与指示器所指位置一致；切换装置的拉杆、分接头凸轮、小轴、销子等应完整无损；转动盘应动作灵活，密封良好 （8）有载调压切换装置的选择开关、范围开关应接触良好，分接引线应连接正确、牢固，切换开关部分密封良好。必要时抽出切换开关芯子进行检查 （9）绝缘屏障应完好，且固定牢固，无松动现象 （10）检查强油循环管路与下轮绝缘接口部位的密封情况；检查各部位应无油泥、水滴和金属屑末等杂物

注：变压器有围屏者，可不必解除围屏，由于围屏遮蔽而不能检查的项目，可不予检查

表4-19　调压切换装置露空时间

环境温度/°C	>0	>0	>0	<0
空气相对湿度（%）	<65	65～75	75～85	不控制
持续时间/h	≤24	≤16	≤10	≤8

（4）变压器干燥。

1）新装变压器是否干燥判定。

① 带油运输的变压器及电抗器：绝缘油电气强度及微量水试验合格；绝缘电阻及吸收比（或极化指数）符合现行国家标准《电气装置安装工程电气设备交接试验标准》（GB 50150—2006）的相应规定；介质损耗角正切值 $\tan\delta$（%）符合规定（电压等级在35kV以下及容量在4000kV·A以下者，可不作要求）。

② 充气运输的变压器及电抗器：器身内压力在出厂至安装前均保持正压；残油中微量水不应大于30ppm；变压器及电抗器注入合格绝缘油后，绝缘油电气强度微量水及绝缘电阻应符合现行国家标准《电气装置安装工程电气设备交接试验标准》（GB 50150—2006）的相应规定。

③当器身未能保持正压，而密封无明显破坏时，则应根据安装及试验记录全面分析作出综合判断，决定是否需要干燥。

2）干燥时各部温度监控。

① 当为不带油干燥利用油箱加热时，箱壁温度不宜超过110℃，箱底温度不得超过100℃，绕组温度不得超过95℃；带油干燥时，上层油温不得超过85℃；热风干燥时，进风温度不得超过100℃。

② 干式变压器进行干燥时，其绕组温度应根据其绝缘等级而定：A 级绝缘，80℃；B 级绝缘，100℃；E 级绝缘，95℃；F 级绝缘，120℃；H 级绝缘，145℃。

③ 干燥过程中，在保持温度不变的情况下，绕组的绝缘电阻下降后再回升，110kV 及以下的变压器、电抗器持续 6h 保持稳定，且无凝结水产生时，可认为干燥完毕。

④ 变压器、电抗器干燥后应进行器身检查，所有螺栓压紧部分应无松动，绝缘表面应无过热等异常情况。如不能及时检查时，应先注以合格油，油温可预热至 50 ~60℃，绕组温度应高于油温。

（5）变压器、电抗器搬运就位。

1）变压器、电抗器搬运就位由起重工为主操作，电工配合。搬运最好采用起重机和汽车，如机具缺乏或距离很短而道路又有条件时，也可以用倒链吊装、卷扬机拖运、滚杠运输等。

2）变压器在吊装时，索具必须检查合格。钢丝绳必须系在油箱的吊钩上，变压器顶盖上盘的吊环只可作吊芯用，不得用此吊环吊装整台变压器。

3）变压器就位时，应注意其方法和施工图相符，变压器距墙尺寸按施工图规定，允许偏差 ±25mm。图样无标注时，纵向按轨道定位，横向距墙不小于 800mm，距门不小于 1000mm。并适当照顾到屋顶吊环的铅垂线位于变压器中心，以便于吊芯。

3. 变压器本体及附件安装

（1）要求。

1）变压器安装位置应正确，变压器基础的轨道应水平，轮距与轨距应配合。

2）装有气体继电器的变压器、电抗器，应使其顶盖沿气体继电器气流方向有 1% ~1.5% 的升高坡度（制造厂规定不须安装坡度者除外）。

3）当须与封闭母线连接时，其套管中心线应与封闭母线安装中心线相符。

（2）方法。变压器本体及附件安装方法见表 4-20。

表 4-20　变压器本体及附件安装方法

项　目	内　　容
冷却装置安装	（1）在安装前应按制造厂规定的压力值用气压或油压进行密封试验，并应符合要求：散热器用 0.05MPa 表压力的压缩空气检查，应无漏气，或用 0.07MPa 表压力的变压器油进行检查，持续 30min，应无渗漏现象；强迫油循环风冷却器用 0.25MPa表压力的气压或油压，持续 30min 进行检查，应无渗漏现象；强迫油循环水冷却器用 0.25MPa 表压力的气压或油压进行检查，持续 1h 应无渗漏；水、油系统应分别检查渗漏 （2）冷却装置安装前应用合格的绝缘油经净油机循环冲洗干净，并将残油排尽

（续）

项　目	内　容
冷却装置安装	（3）冷却装置安装完毕后应立即注满油，以免由于阀门渗漏造成本体油位降低，使绝缘部分露出油面 （4）风扇电动机及叶片应安装牢固，并应转动灵活，无卡阻现象；试转时应无震动、过热；叶片应无扭曲变形或与风筒擦碰等情况，转向应正确；电动机的电源配线应采用具有耐油性能的绝缘导线；靠近箱壁的绝缘导线应用金属软管保护；导线排列应整齐；接线盒密封良好 （5）管路中的阀门应操作灵活，开闭位置应正确；阀门及法兰连接处应密封良好 （6）外接油管在安装前，应进行彻底除锈并清洗干净；管道安装后，油管应涂黄漆，水管涂黑漆，并应有流向标志 （7）潜油泵转向应正确，转动时应无异常噪声、震动和过热现象；其密封应良好，无渗油或进气现象 （8）差压继电器、流速继电器应经校验合格，且密封良好，动作可靠 （9）水冷却装置停用时，应将存水放尽，以防天寒冻裂
储油柜（油枕）安装	（1）储油柜安装前应清洗干净，除去污物，并用合格的变压器油冲洗。隔膜式（或胶囊式）储油柜中的胶囊或隔膜式储油柜中的隔膜应完整无破损，并应和储油柜的长轴保持平行、不扭偏。胶囊在缓慢充气胀开后应无漏气现象。胶囊口的密封应良好，呼吸应畅通 （2）储油柜安装前应先安装油位表，安装油位表时应注意保证放气和导油孔的畅通；玻璃管要完好。油位表动作应灵活，油位表或油标管的指示必须与储油柜的真实油位相符，不得出现假油位。油位表的信号接点位置正确，绝缘良好 （3）储油柜利用支架安装在油箱顶盖上。油枕和支架、支架和油箱均用螺栓紧固
套管安装	（1）套管在安装前要按要求进行相关检查：瓷套管表面应无裂缝、伤痕；套管、法兰颈部及均压球内壁应清擦干净；套管应经试验合格；充油套管的油位指示正常，无渗油现象 （2）当充油管介质损失角正切值 $\tan\delta$（%）超过标准，且确认其内部绝缘受潮时，应予干燥处理 （3）高压套管穿缆的应力锥进入套管的均压罩内，其引出端头与套管顶部接线柱连接处应擦拭干净，接触紧密；高压套管与引出线接口的密封波纹盘结构的安装应严格按制造厂的规定进行 （4）套管顶部结构的密封垫应安装正确，密封应良好，连接引线时，不应使顶部结构松扣
升高座安装	（1）升高座安装前，应先完成电流互感器的试验；电流互感器出线端子板应绝缘良好，其接线螺栓和固定件的垫块应紧固，端子板应密封良好，无渗油现象 （2）安装升高座时，应使电流互感器铭牌位置面向油箱外侧，放气塞位置应在升高座最高处 （3）电流互感器和升高座的中心应一致 （4）绝缘筒应安装牢固，其安装位置不应使变压器引出线与之相碰

（续）

项　　目	内　　容
气体继电器安装（外丝继电器）	（1）气体继电器应做密封试验，轻瓦斯动作容积试验，重瓦斯动作流速试验，各项指标合格后，并有合格检验证书方可使用 （2）气体继电器应水平安装，观察窗应装在便于检查一侧，箭头方向应指向储油箱（油枕），其与连通管连接应密封良好，其内壁应擦拭干净，截油阀应位于储油箱和气体继电器之间 （3）打开放气嘴，放出空气，直到有油溢出时，将放气嘴关上，以免有空气进入使继电保护器误动作 （4）当操作电源为直流时，必须将电源正极接到水银侧的接点上，接线应正确，接触良好，以免断开时产生飞弧
干燥器（吸湿器、防潮呼吸器、空气过滤器）安装	（1）检查硅胶是否失效（对浅蓝色硅胶，变为浅红色即已失效；对白色硅胶一律烘烤）。如已失效，应在115~120℃温度下烘烤8h，使其复原或换新 （2）安装时，必须将干燥器盖子处的橡皮垫取掉，使其畅通，并在盖子中装适量的变压器油，起滤尘作用 （3）干燥器与储气柜间管路的连接应密封良好，管道应通畅 （4）干燥器油封油位应在油面线上；但隔膜式储油柜变压器应按产品要求处理（或不到油封，或少放油，以便胶囊易于伸缩呼吸）
净油器安装	安装前先用合格的变压器油冲洗垮油器，然后同安装散热器一样，将净油器与安装孔的法兰连接起来。其滤网安装方向应正确并在出口侧。将净油器容器内装满干燥的硅胶粒后充油，油流方向应正确
温度计安装	（1）套管温度计安装，应直接安装在变压器上盖的预留孔内，并在孔内适当加些变压器油，刻度方向应便于观察 （2）电接点温度计安装前应进行计量检定，合格后方能使用。油浸变压器一次元件应安装在变压器顶盖上的温度计套筒内，并加适当变压器油；二次仪表挂在变压器一侧的预留板上。干式变压器一次元件应按厂家说明书位置安装，二次仪表装在便于观测的变压器护网栏上。软管不得有压扁或死弯，富余部分应盘圈并固定在温度计附近 （3）干式变压器的电阻温度计，一次元件应预埋在变压器内，二次仪表应安装在值班室或操作台上，温度补偿导线应符合仪表要求，并加以适当的附加温度补偿电阻校验调试后方可使用
压力释放装置安装	密封式结构的变压器、电抗器，其压力释放装置的安装方向应正确，使喷油口不要朝向邻近的设备，阀盖和升高座内部应清洁，密封良好。电接点应动作准确，绝缘应良好
电压切换装置安装	（1）变压器电压切换装置各分接点与线圈的连线应接正确、牢固可靠，其接触面接触紧密良好，切换电压时，转动触点停留位置正确，并与指示位置一致 （2）电压切换装置的拉杆、分接头的凸轮、小轴销子等应完整无损，转动盘应动作灵活，密封良好 （3）电压切换装置的传动机构（包括有载调压装置）的固定应牢靠，传动机构的摩擦部分应有足够的润滑油 （4）有载调压切换装置的调换开关触头及铜辫子软线应完整无损，触头间应有足够的压力（一般为8~10kg） （5）有载调压切换装置转动到极限位置时，应装有机械联锁与带有限位开关的电气联锁 （6）有载调压切换装置的控制箱，一般应安装在值班室或操作台上，联线应正确无误，并应调整好，手动、自动工作正常，档位指示准确

（续）

项　目	内　容
整体密封检查	变压器、电抗器安装完毕后，应在储油柜上用气压或油压进行整体密封试验，所加压力为油箱盖上能承受0.03MPa的压力，试验持续时间为24h，应无渗漏。油箱内变压器油的温度不应低于10℃。整体运输的变压器、电抗器可不进行整体密封试验
变压器的接地	变压器的接地既有高压部分的保护接地，又有低压部分的工作接地；而低压供电系统在建筑电气工程中普遍采用TN-S或TN-C-S系统，即不同形式的保护接零系统。且两者共用同一个接地装置，在变配电室要求接地装置从地下引出的接地干线，以最近的路径直接引至变压器壳体和变压器的中性母线N（变压器的中性点）及低压供电系统的PE干线或PEN干线，中间尽量减少螺栓搭接处，决不允许经其他电气装置接地后，串联连接过来，以确保运行中人身和电气设备的安全。油浸变压器箱体、干式变压器的铁芯和金属件，以及有保护外壳的干式变压器金属箱体，均是电气装置中重要的经常为人接触的非带电可接近裸露导体，为了人、动物和设备安全，其保护接地要十分可靠 接地装置引出的接地干线与变压器的低压侧中性点直接连接；变压器箱体、干式变压器的支架或外壳应接PE线。所有连接应可靠，紧固件及防松零件齐全

4. 变压器试验、检查与试运行

（1）变压器的交接试验。变压器安装好后，必须经交接试验合格，并出具报告后，才具备通电条件。交接试验的内容和要求，即合格的判定条件。

（2）变压器送电前的检查。变压器试运行前应做全面检查，确认符合试运行条件时方可投入运行。变压器试运行前，必须由质量监督部门检查合格。

检查内容包括：各种交接试验单据齐全，数据符合要求；变压器应清理、擦拭干净，顶盖上无遗留杂物，本体及附件无缺损，且不渗油；变压器一、二次引线相位正确，绝缘良好；接地线良好；通风设施安装完毕，工作正常，事故排油设施完好，消防设施齐备；油浸变压器油系统油门应打开，油门指示正确，油位正常；油浸变压器的电压切换装置及干式变压器的分接头位置放置正常电压档位；保护装置整定值符合设计规定要求，操作及联动试验正常；干式变压器护栏安装完毕，各种标志牌挂好，门装锁。

（3）变压器送电试运行。变压器第一次投入时，可全压冲击合闸，冲击合闸时一般可由高压侧投入。第一次受电后，持续时间不应少于10min，无异常情况。进行3～5次全压冲击合闸，并无异常情况，励磁涌流不应引起保护装置误动作。油浸变压器带电后，检查油系统不应有渗油现象。

变压器试运行要注意冲击电流，空载电流，一、二次电压和温度，并做好详细记录。变压器并列运行前，应核对好相位。空载运行24h，无异常情况，方可投入负荷运行。

【高手必懂知识】动力照明配电箱（盘）安装

1. 设备（材料）进场验收与安装工序交接确认

（1）柜（屏、台、箱）类设备的进场验收。

1）查验动力照明配电箱（盘）等设备合格证和随带技术文件，实行生产许可证和安全认证制度的产品，有许可证编号和安全认证标志。成套柜要有出厂试验记录，目的是为了在设备进行交接试验时作对比用。

2）配电箱、盘在运输过程中，因受振动使螺栓松动或导线连接脱落脱焊是经常发生的，所以进场验收时要注意检查，以利于采取措施，使其正确复位。在外观检查时应验有无铭牌，柜内元器件应无损坏丢失、接线无脱落脱焊，蓄电池柜内壳体无碎裂、漏液，充油、充气设备无泄漏，涂层完整，无明显碰撞凹陷。

（2）安装使用材料进场验收。

型钢表面无严重锈斑，无过度扭曲、弯折变形，焊条无锈蚀，有合格证和材质证明书；镀锌制品螺栓、垫圈、支架、横担表面无锈斑，有合格证和质量证明书；其他材料，铅丝、酚醛板、油漆、绝缘胶垫等均应符合质量要求。

配电箱体应有一定的机械强度，周边平整无损伤。铁制箱体二层底板厚度不小于1.5mm，阻燃型塑料箱体二层底板厚度不小于8mm，木制板盘的厚度不应小于20mm，并应刷漆做好防腐处理。

导线电缆的规格型号必须符合设计要求，有产品合格证。

2. 弹线定位

（1）安装位置。在照明配电箱（盘）安装的施工过程中，配电箱（盘）的设置位置是十分重要的，位置不正确不但会给安装和维修带来不便，安装配电箱还会影响建筑物的结构强度。

（2）弹线定位方法。根据设计要求找出配电箱（盘）位置，并按照箱（盘）外形尺寸进行弹线定位。配电箱安装底口距地面一般为1.5m，明装电度表板底口距地面不小于1.8m。

在同一建筑物内，同类箱盘高度应一致，允许偏差10mm。为了保证使用安全，配电箱与采暖管距离不应小于300mm；与给水排水管道不应小于200mm；与煤气管、表不应小于300mm。

3. 配电箱（盘）安装

（1）一般规定。

1）箱（盘）不得采用可燃材料制作。

2）箱（盘）内部件齐全，配线整齐，接线正确无绞接现象。回路编号齐

全，标识正确。导线连接紧密，不伤芯线，不断股。垫圈下螺丝两侧压的导线的截面积相同，同一端子上导线连接不多于2根，防松垫圈等零件齐全。

3）箱（盘）内接线整齐，回路编号、标识正确是为方便使用和维修，防止误操作而发生人身触电事故。

4）箱体开孔与导管管径适配，边缘整齐，开孔位置正确，电源管应在左边，负荷管在右边。照明配电箱底边距地面为1.5m，照明配电板底边距地面不小于1.8m。

5）配电箱（盘）上电器，仪表应牢固、平正、整洁、间距均匀。铜端子无松动，启闭灵活，零部件齐全。其排列间距应符合表4-21的要求。

表4-21 电器、仪表排列间距要求

<table>
<tr><th>间 距</th><th colspan="3">最小尺寸/mm</th></tr>
<tr><td>仪表侧面之间或侧面与盘边</td><td colspan="3">60</td></tr>
<tr><td>仪表顶面或出线孔与盘边</td><td colspan="3">50</td></tr>
<tr><td>闸具侧面之间或侧面与盘边</td><td colspan="3">30</td></tr>
<tr><td>上下出线孔之间</td><td colspan="3">40（隔有卡片柜）20（不隔卡片柜）</td></tr>
<tr><td rowspan="3">插入式熔断器顶面或底面与出线孔</td><td rowspan="3">插入式熔断器规格/A</td><td>10~15</td><td>20</td></tr>
<tr><td>20~30</td><td>30</td></tr>
<tr><td>60</td><td>50</td></tr>
<tr><td rowspan="2">仪表、胶盖闸顶间或底面与出线孔</td><td rowspan="2">导线截面/mm²</td><td>10</td><td>80</td></tr>
<tr><td>16~25</td><td>100</td></tr>
</table>

6）箱（盘）内开关动作灵活可靠，带有漏电保护的回路，漏电保护装置的设置和选型由设计确定，保护装置动作电流不大于30mA，动作时间不大于0.1s。

7）照明箱（盘）内，分别设置中性线（N）和保护线（PE）汇流排，N线和PE线经汇流排配出。因照明配电箱额定容量有大小，小容量的出线回路少，仅2~3个回路，可以用数个接线柱（如绝缘的多孔瓷或胶木接头）分别组合成PE线和N接线排，但决不允许两者混合连接。

8）箱（盘）安装牢固，安装配电箱箱盖紧贴墙面，箱（盘）涂层完整，配电箱（盘）垂直度允许偏差为1.5‰。

（2）明、暗装配电箱（盘）的固定方法见表4-22。

4. 配电箱（盘）检查与调试

（1）检查的内容。

表 4-22 明、暗装配电箱（盘）的固定方法

项 目	内 容
明装配电箱（盘）的固定	在混凝土墙上固定时，有暗配管及暗分线盒和明配管两种方式 如有分线盒，先将分线盒内杂物清理干净，然后将导线理顺，分清支路和相序，按支路绑扎成束。待箱（盘）找准位置后，将导线端头引至箱内或盘上，逐个剥削导线端头，再逐个压接在器具上。同时将保护地线压在明显的地方，并将箱（盘）调整平直后用钢架或金属膨胀螺栓固定。在电具、仪表较多的盘面板安装完毕后，应先用仪表核对有无差错，调整无误后试送电，并将卡片柜内的卡片填写好部位，编上号 如在木结构或轻钢龙骨护板墙上固定配电箱（盘）时，应采用加固措施 配管在护板墙内暗敷设并有暗接线盒时，要求盒口应与墙面平齐，在木制护板墙处应做防火处理，可涂防火漆进行防护
暗装配电箱（盘）的固定	在预留孔洞中将箱体找好标高及水平尺寸。稳住箱体后用水泥砂浆填实周边并抹平齐，待水泥砂浆凝固后再安装盘面和贴脸。如箱底与外墙平齐时，应在外墙固定金属网后再做墙面抹灰，不得在箱底板上直接抹灰 安装盘面要求平整，周边间隙均匀对称，贴脸（门）平正，不歪斜，螺栓垂直受力均匀

1）柜内工具、杂物等清理出柜，并将柜体内外清扫干净。

2）电器元件各紧固螺栓牢固，刀开关、空气开关等操作机构应灵活，不应出现卡滞或操作力用力过大现象。

3）开关电器的通断是否可靠，接触面接触良好，辅助接点通断准确可靠。

4）电工指示仪表与互感器的变比，极性应连接正确可靠。

5）母线连接应良好，其绝缘支撑件、安装件及附件应安装牢固可靠。

6）熔断器的熔芯规格选用是否正确，继电器的整定值是否符合设计要求，动作是否准确可靠。

（2）调试。绝缘电阻摇测，测量母线间和对地电阻，测量二次结线间和对地电阻，应符合相关现行国家施工验收规范的规定。在测量二次回路电阻时，不应损坏其他半导体元件，摇测绝缘电阻时应将其断开。绝缘电阻摇测时应做记录。

【高手必懂知识】电缆敷设

1. 电缆进场验收及敷设工序交接确认

（1）电缆进场验收。

1）查验合格证，合格证有生产许可证编号，按《额定电压 450/750V 及以下聚氯乙烯绝缘电缆》（GB/T 5023.1～5023.7—2008）标准生产的产品有安全

认证标志。

2）外观检查包装完好，电缆无压扁、扭曲，铠装不松卷。耐热阻燃的电缆外护层有明显标识和制造厂标。

3）按制造标准，现场抽样检测绝缘层厚度和圆形线芯的直径；线芯直径误差不大于标准直径的1%。

4）对电缆绝缘性能、导电性能和阻燃性能有异议时，按批抽样送有资质的试验室进行检测。

5）电缆的其他附属材料：电缆盖板、电缆标示桩、电缆标示牌、油漆、酒精、汽油、硬酸酯、白布带、电缆头附件等均应符合要求。

（2）电缆沟内和电缆竖井内电缆敷设的工序交接确认。

电缆在沟内、竖井内支架上敷设，需要等待电缆沟、电气竖井内的施工临时设施、模板及建筑废料等清除，测量定位后，才能安装电缆支架。

电缆沟、电气竖井内支架及电缆导管安装结束后，进行电缆支架及导管与PE线或PEN线连接完成。经过检查确认，才能敷设电缆。

无论高压、低压建筑电气工程，施工的最后阶段，一般都做交接试验，电缆在沟内，电气竖井内敷设前，应经绝缘测试合格后，才能进行敷设。电缆敷设后，交接试验合格，且对接线去向、相位和防火隔堵措施等检查确认，才能通电和投入运行。

2. 电缆敷设的施工准备

缆敷设的施工准备见表4-23。

表4-23　缆敷设的施工准备

项　目	内　容
作业条件	（1）与电缆线路安装有关的建筑物、构筑物的土建工程质量，应符合国家现行的建筑工程施工及验收规范中的有关规定 （2）电缆线路安装前，土建工作应具备下列条件： 1）预埋件符合设计要求，并埋置牢固 2）电缆沟、隧道，竖井及人井孔等处的地坪及抹面工作结束 3）电缆层、电缆沟、隧道等处的施工临时设施、模板及建筑废料等理干净，施工用道路畅通，盖板齐备 4）电缆线路铺设后，不能再进行土建施工的工程项目应结束 5）电缆沟排水畅通 （3）电缆线路敷设完毕后投入运行前，土建应完成的工作如下： 1）由于预埋件补遗、开孔、扩孔等需要而由土建完成的修饰工作 2）电缆室的门窗 3）防火隔墙

（续）

项　目	内　容
材料（设备）准备	（1）敷设前，应对电缆进行外观检查及绝缘电阻试验。6kV 以上电缆应作耐压和泄漏试验。1kV 以下电缆用高阻计（摇表）测试，不低于 10MΩ。所有试验均要做好记录，以便竣工试验时作对比参考，并归档 （2）电缆敷设前应准备好砖、砂，并运到沟边待用，并准备好方向套（铅皮、钢字）标桩 （3）工具及施工用料的准备。施工前要准备好架电缆的轴辊、支架及敷设用电缆托架，封铅用的喷灯、焊料、抹布、硬脂酸以及木、铁锯，铁剪，8 号、16 号铅丝，编织的钢丝网套，铁锹、榔头、电工工具，汽油、沥青膏等 （4）电缆型号、规格及长度均应与设计资料核对无误。电缆不得有扭绞、损伤及渗漏油现象 （5）电缆线路两端连接的电气设备（或接线箱、盒）应安装完毕或已就位、敷设电缆的通道应无堵塞
电缆加温	（1）如冬期施工温度低于设计规定时，电缆应先加温，并准备好保温草帘，以便于搬运时电缆保温用。电缆加热方法通常采用的有两种：一种是室内加热，即在室内或帐篷里，用热风机或电炉提高室内温度使电缆加温；室内温度为 25℃时需 1～2 昼夜；40℃时需 18h。另一种是采用电流加热，将电缆线芯通入电流，使电缆本身发热。用电流法加热时，将电缆一端的线芯短路，并予铅封，以防进入潮气。并经常监控电流值及电缆表面温度。电缆表面温度不应超过下列数值（使用水银温度计）：3kV 及以下的电缆：40℃；6～10kV 的电缆：35℃；20～35kV 的电缆：25℃。加热后，电缆应尽快敷设 （2）电缆敷设前，还应进行下列项目的复查： 1）支架应齐全，油漆完整 2）电缆型号、电压、规格应符合设计 3）电缆绝缘良好。当对油浸纸绝缘电缆的密封有怀疑时，应进行潮湿判断，直埋电缆与水底电缆应经直流耐压试验合格，充油电缆的油样应试验合格 4）充油电缆的油压不宜低于 0.15MPa 电缆敷设的一般规定及其相关要求

3. 电缆敷设

（1）电缆敷设的一般规定。

1）电缆敷设时，不应破坏电缆沟和隧道的防水层。

2）在三相四线制系统中使用的电力电缆，不应采用三芯电缆另加一根单芯电缆或导线，以电缆金属护套等作中性线等方式。在三相系统中，不得将三芯电缆中的一芯接地运行。三相系统中使用的单芯电缆，应组成紧贴的正三角形排列（充油电缆及水底电缆可除外），并且每隔 1m 应用绑带扎牢。并联运行的电力电缆，其长度应相等。

3）电缆敷设时，在电缆终端头与电缆接头附近可留有备用长度。直埋电缆尚应在全长上留出少量裕度，并做波浪形敷设。电缆各支持点间的距离应按设计规定。当设计无规定时，则不应大于表 4-24 中所列数值。电缆的弯曲半径不应

小于表4-25的规定。

表4-24 电缆支持点间的距离 （单位：mm）

电缆种类 \ 敷设方式		支架上敷设①		钢索上悬吊敷设	
		水平	垂直	水平	垂直
电力电缆	无油电缆	1.5	2.0	—	—
	橡塑及其他油浸纸绝缘电缆	1.0	2.0	0.75	1.5
控制电缆		0.8	1.0	0.6	0.75

① 包括沿墙壁、构架、楼板等非支架固定。

表4-25 电缆最小允许弯曲半径与电缆外径的比值（倍数）

电缆种类	电缆护层结构	单芯	多芯
油浸纸绝缘电力电缆	铠装或无铠装	20	15
橡皮绝缘电力电缆	橡皮或聚氯乙烯护套	—	10
	裸铅护套	—	15
	铅护套钢带铠装	—	20
塑料绝缘电力电缆	铠装或无铠装	—	10
控制电缆	铠装或无铠装	—	10

4）油浸纸绝缘电力电缆最高与最低点之间的最大位差不应超过表4-26的规定。当不能满足要求时，应采用适应于高位差的电缆，或在电缆中间设置塞止式接头。

5）电缆敷设时，电缆应从盘的上端引出，应避免电缆在支架上及地面摩擦拖拉。电缆上不得有未消除的机械损伤（如铠装压扁、电缆绞拧、护层折裂等）。

6）用机械敷设电缆时的牵引强度不宜大于表4-27的数值。

表4-26 油浸纸绝缘电力电缆最大允许敷设位差

电压等级/kV		电缆护层结构	铅套/m	铝套/m
黏性油浸纸绝缘电力电缆	1～3	无铠装	20	25
		有铠装	25	25
	6～10	无铠装或有铠装	15	20
	20～36	无铠装或有铠装	5	—
充油电缆		—	按产品规定	—

注：1. 不滴流油浸纸绝缘电力电缆无位差限制。
2. 水底电缆线路的最低点是指最低水位的水平面。

表 4-27 电缆最大允许牵引强度

牵引方式	牵引头		钢丝网套	
受力部位	铜芯	铝芯	铅套	铝套
允许牵引强度/MPa	0.7	0.4	0.1	0.4

7）敷设电缆时，如电缆存放地点在敷设前 21h 内的平均温度以及敷设现场的温度低于表 4-28 的数值时，应采取电缆加温措施，否则不宜敷设。

表 4-28 电缆最低允许敷设温度

电缆类别	电缆结构	最低允许敷设温度/℃
油浸纸绝缘电力电缆	充油电缆	-10
	其他油浸纸绝缘电缆	0
橡皮绝缘电力电荷	橡皮或聚氯乙烯护套	-15
	裸铅套	-20
	铅护套钢带铠装	-7
塑料绝缘电力电缆		0
控制电缆	耐寒护套	-20
	橡皮绝缘聚氯乙烯护套	-15
	聚氯乙烯绝缘、聚氯乙烯护套	-10

8）电缆敷设时，不宜交叉，电缆应排列整齐，加以固定，并及时装设标志牌。直埋电缆沿线及其接头处应有明显的方位标志或牢固的标桩。

9）沿电气化铁路或有电气化铁路通过的桥梁上明敷电缆的金属护层（包括电缆金属管道），应沿其全长与金属支架或桥梁的金属构件绝缘。电缆进入电缆沟、隧道、竖井、建筑物、盘（柜）以及穿入管子时，出入口应封闭，管口应密封。

10）对于有抗干扰要求的电缆线路，应按设计规定做好抗干扰措施。

11）装有避雷针和避雷线的构架上的照明灯电源线，必须采用植埋在地下的带金属护层的电缆或穿入金属管的导线。电缆护层或金属管必须接地，埋地长度应在 10m 以上，方可与配电装置的接地网相连或与电源线、低压配电装置相连接。

（2）充油电缆切断后的要求。

1）在任何情况下，充油电缆的任一段都应设有压力油箱，以保持油压。

2）连接油管路时，应排除管内空气，并采用喷油连接。

3）充油电缆的切断处必须高于邻近两侧的电缆，避免电缆内进气。

4）切断电缆时应防止金属屑及污物侵入电缆。

（3）电力电缆接线盒的布置要求。

1）并列敷设电缆，其接头盒的位置应相互错开。

2）电缆明敷时的接头盒，须用托板（如石棉板等）托置，并用耐电弧隔板与其他电缆隔开，托板及隔板伸出接头两端的长度应不小于0.6m。

3）直埋电缆接头盒外面应有防止机械损伤的保护盒（环氧树脂接头盒除外）。位于冻土层内的保护盒，盒内宜注以沥青，以防水分进入盒内因冻胀而损坏电缆接头。

（4）标志牌的装设要求。

1）在下列部位，电缆上应装设标志牌：电缆终端头、电缆中间接头处，隧道及竖井的两端，人井内。

2）标志牌上应注明线路编号（当设计无编号时，则应写明电缆型号、规格、起始和结束地点），并联使用的电缆应有顺序号，字迹应清晰，不易脱落。

3）标志牌的规格宜统一，标志牌应能防腐，且挂装应牢固。

（5）电缆固定要求。

1）在下列地方应将电缆加以固定：垂直敷设或超过45°倾斜敷设的电缆，在每一个支架上；水平敷设的电缆，在电缆首末两端及转弯、电缆接头两端处；充油电缆的固定应符合设计要求。

2）电缆夹具的形式宜统一。

3）使用于交流的单芯电缆或分相4套电缆在分相后的固定，其夹具的所有铁件不应构成闭合磁路。

4）裸铅（铝）套电缆的固定处，应加软垫保护。

4. 电缆支架安装

（1）电缆沟内电缆支架安装。

电缆在沟内敷设，要用支架支撑或固定，因而支架的安装是关键，其相互距离是否恰当会影响通电后电缆的散热状况是否良好、对电缆的日常巡视和维护检修是否方便，以及在电缆弯曲处的弯曲半径是否合理。

电缆支架自行加工时，钢材应平直，无显著扭曲。下料后长短差应在5mm范围内，切口无卷边、毛刺。钢支架采用焊接时，不要有显著的变形。支架上各横撑的垂直距离，其偏差不应大于2mm。支架应安装牢固，横平竖直，同一层的横撑应在同一水平面上，其高低偏差不应大于5mm。在有坡度的电缆沟内，其电缆支架也要保持同一坡度（此项也适用于有坡度的建筑物上的电缆支架）。

当设计无要求时，电缆支架最上层至沟顶的距离不小于150～200mm；电缆支架最下层至沟底的距离不小于50～100mm；电缆支架层间最小允许距离符合表4-29的规定；电缆支持点间距不小于表4-30的规定。

表 4-29 电缆支架层间最小允许距离 （单位：mm）

电缆种类	支架层间最小距离
控制电缆	120
10kV 及以下电力电缆	150～200

表 4-30 电缆支持点间距 （单位：mm）

电缆种类		敷设方式	
		水平	垂直
电力电缆	全塑型	400	1000
	除全塑型外的电缆	800	1500
控制电缆		800	1000

支架与预埋件焊接固定时，焊缝应饱满；用膨胀螺栓固定时，选用螺栓要适配，连接紧固，防松零件齐全。

（2）电气竖井支架安装。

电缆在竖井内沿支架垂直敷设，可采用扁钢支架，如图 4-2 所示。支架的长度 *W* 应根据电缆直径和根数的多少而定。

扁钢支架与建筑物的固定应采用 M10×80 的膨胀螺栓紧固。支架每隔 1.5m 设置一个，竖井内支架最上层距竖井顶部或楼板的距离不小于 150～200mm，底部与楼（地）面的距离宜不小于 300mm。

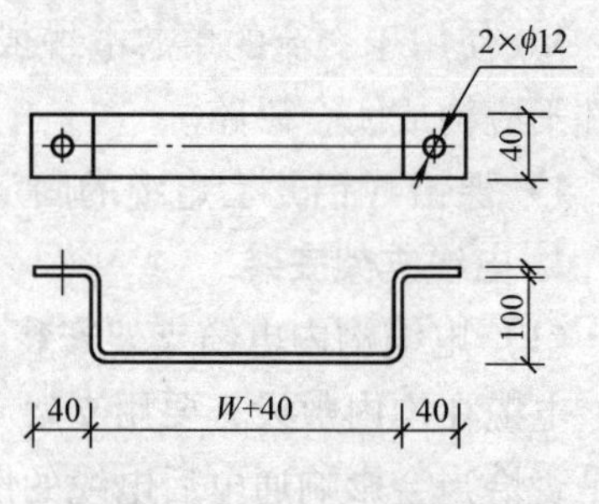

图 4-2 竖井内电缆扁钢支架

5. 电缆在支架上敷设

（1）电缆在支架上敷设规则。

敷设在支架上的电缆，按电压等级排列，高压在上面，低压在下面，控制与通信电缆在最下面。如两侧装设电缆支架，则电力电缆、控制电缆和低压电缆应分别安装在沟的两边。电缆支架横撑间的垂直净距，无设计规定时，一般对电力电缆不小于 150mm；对控制电缆不小于 100mm。

电缆之间、电缆与其他管道、道路、建筑物等之间平行和交叉时的最小距离，应符合表 4-31 的规定。严禁将电缆平行敷设于管道的上面或下面。

表 4-31 电缆之间、电缆与管道、道路、建筑物之间平行和交叉时的最小允许净距

序号	项目	最小允许净距/m		备注
		平行	交叉	
1	电力电缆间及其与控制电缆间			（1）控制电缆间平行敷设的间距不作规定；序号 1、3 项，当电缆穿管或用隔板隔开时．平行净距可降低为 0.1m （2）在交叉点前后 1m 范围内，如电缆穿入管中或用隔板隔开，交叉净距可降低为 0.25m
	（1）10kV 及以下	0.10	0.50	
	（2）10kV 及以上	0.25	0.50	
2	控制电缆	—	0.50	
3	不同使用部门的电缆间	0.50	0.50	
4	热力管道（管沟）及热力设备	2.0	0.50	（1）虽净距能满足要求．但检修管路可能伤及电缆时，在交叉点前后 1m 范围内，尚应采取保护措施 （2）当交叉净距不能满足要求时，应将电缆穿入管中，则其净距可减为 0.25m （3）对序号第 4 项，应采取隔热措施，使电缆周围土壤的温升不超过 10°C （4）电缆与管径大于 800mm 的水管，平行间距应大于 1m，如不能满足要求，应采取适当防电化腐蚀措施，特殊情况下，平行净距可酌减
5	油管道（管沟）	1.0	0.50	
6	可燃气体及易燃液体管道（管沟）	1.0	0.50	
7	其他管道（管沟）	0.50	0.50	
8	铁路路轨	3.0	1.0	
9	电气化铁路路轨 交流	3.0	1.0	
	电气化铁路路轨 直流	10.0	1.0	
10	公路	1.50	1.0	
11	城市街道路面	1.0	0.7	
12	电杆基础（边线）	1.0	—	
13	建筑物基础（边线）	0.6	—	
14	排水沟	1.0	0.5	
15	独立避雷针集中接地装置与电缆间	5.0		—

注：当电缆穿管或者其他管道有防护设施（如管道保温层等）时．表中净距应从管臂或防护设施的外壁算起。

（2）电缆沟内电缆敷设注意事项。

电缆敷设在沟底时，电力电缆间为 35mm，但不小于电缆外径尺寸；不同级电力电缆与控制电缆间为 100mm；控制电缆间距不作规定。电缆表面距地面的距离不应小于 0.7m，穿越农田时不应小于 1m；66kV 及以上的电缆不应小于 1m；只有在引入建筑物、与地下建筑交叉及绕过地下建筑物处，可埋设浅些，但应采取保护措施。

此外，电缆应埋设于冻土层以下。当无法深埋时，应采取措施，防止电缆受到损坏。

（3）竖井内电缆敷设注意事项。

1）敷设在竖井内的电缆，电缆的绝缘或护套应具有非延燃性。通常采用较多的为聚氯乙烯护套细钢丝铠装电力电缆，因为此类电缆能承受的拉力较大。

2）在多、高层建筑中，一般低压电缆由低压配电室引出后，沿电缆隧道、电缆沟或电缆桥架进入电缆竖井，沿支架或桥架垂直上升。

3）电缆在竖井内沿支架垂直布线所用支架可在现场加工制作，其长度应根据电缆直径及根数的多少确定。电缆沿支架垂直安装时，小截面电缆在电气竖井内布线，也可沿墙敷设，此时可使用管卡子或单边管卡子用 $\phi 6 \times 30$ 塑料胀管固定。

4）扁钢支架与建筑物的固定应采用 M10 × 80 的膨胀螺栓紧固。支架设置距离为 1.5m，底部支架距楼（地）面的距离不应小于 300mm。支架上电缆的固定采用管卡子固定，各电缆之间的间距不应小于 50mm。

5）电缆敷设过程中，固定单芯电缆应使用单边管卡子，以减少单芯电缆在支架上的感应涡流。

6）电缆在穿过楼板或墙壁时，应设置保护管，并用防火隔板、防火堵料等做好密封隔离，保护管两端管口空隙应做密封隔离。

7）电缆布线过程中，垂直干线与分支干线的连接，通常采用“工”接方法。为了接线方便，树干式配电系统电缆应尽量采用单芯电缆。

6. 电缆支架接地

金属电缆支架、电缆导管必须与 PE 线或 PEN 线连接可靠。目的是保护人身安全和供电安全，如整个建筑物要求等电位联结。

接地线宜使用直径不小于 12mm 镀锌圆钢，并应该在电缆敷设前与全长支架逐一焊接。

【高手必懂知识】电线导管、电缆导管敷设与配线

1. 导管进场验收及敷设工序交接确认

（1）导管和线槽的进场验收。

导管和线槽查验合格证。线槽外观检查应部件齐全，表面光滑、不变形；塑料线槽有阻燃标记和制造厂标。导管现场验收时应注意如下几点。

1）硬质阻燃塑料管（绝缘导管）。凡所使用的阻燃型（UPVC）塑料管，其材质均应具有阻燃、耐冲击性能，其氧指数不应低于 27% 的阻燃指标，并应有检定检验报告单和产品出厂合格证。阻燃型塑料管外壁应有间距不大于 1m 的连

续阻燃标记和制造厂厂标，管子内、外壁应光滑、无凸棱、凹陷、针孔及气泡，内外径的尺寸应符合国家统一标准，管壁厚度应均匀一致。

2）塑料阻燃型可挠（波纹）管。塑料阻燃型可挠（波纹）管及其附件必须阻燃，其管外壁应有间距不大于1m的连续阻燃标记和制造厂标，产品有合格证。管壁厚度均匀，无裂缝、孔洞、气泡及变形现象。管材不得在高温及露天场所存放。管箍、管卡头、护口应使用配套的阻燃型塑料制品。

3）钢管。镀锌钢管（或电线管）壁厚均匀，焊缝均匀规则，无劈裂、沙眼、棱刺和凹扁现象。除镀锌钢管外其他管材的内外壁需预先进行除锈防腐处理，埋入混凝土内可不刷防锈漆，但应进行除锈处理。镀锌钢管或刷过防腐漆的钢管表层完整，无剥落现象。管箍螺纹要求是通丝，螺纹清晰，无乱扣现象，镀锌层完整无剥落，无劈裂，两端光滑无毛刺。护口有用于薄、厚壁管之区别，护口要完整无损。

4）可挠金属电线管。可挠金属电线管及其附件，应符合国家现行技术标准的有关规定，并应有合格证。同时还应具有当地消防部门出示的阻燃证明。可挠金属电线管配线工程采用的管卡、支架、吊杆、连接件及盒箱等附件，均应镀锌或涂防锈漆。可挠金属电线管及配套附件器材的规格型号应符合国家规范的规定和设计要求。

（2）导线导管、电缆导管和线槽敷设的工序交接确认。

电线、电缆导管敷设，除埋入混凝土中的非镀锌钢导管外壁不做防腐处理外，其他场所的非镀锌钢导管内、外壁均做防腐处理，经检查确认，才能在配管工程中使用。

室外直埋导管的路径、沟槽深度、宽度及垫层处理经检查确认，才能埋设导管（但电线钢导管在室外埋地敷设的长度不应大于15m）。

砖混结构墙体内导管敷设，导管经弯曲加工及管与盒（箱）连接后，经检查确认合格才能配合土建在砌体墙内敷设。

敷设的盒（箱）及隐蔽的导管，在扫管及修补后，经检查确认，土建才能进行装修施工。

在梁、板、柱、墙等部位明配管的导管套管、埋件、支架等检查合格，土建装修工程完成后，才能进行导管敷设。

吊顶上的灯位及电气器具位置先确定，且与土建及各专业商定并配合施工，才能在吊顶内敷设导管，导管敷设完成（或施工中）经检查确认，才能安装顶板。

顶棚和墙面土建装修工程基本完成后，才能敷设线槽电线、电缆钢导管敷设。

2. 钢导管加工、连接和接地方法

（1）钢导管加工的方法及步骤见表4-32。

表4-32 钢导管加工的方法及步骤

方法	内容
准备工作	对导管进行外观检查，对不合标准的管材，不能再加工，更不能用到工程中去，以防后患
钢管除锈与涂漆	在敷设电线管前，应对线管进行除锈涂漆处理。钢管内如果有灰尘、油污或受潮生锈，不但穿线困难，而且会造成导线的绝缘层损伤，使绝缘性能降低 钢管内、外均应刷防腐漆，埋入混凝土内的管外壁除外；埋入土层内的钢管，应刷两遍沥青或使用镀锌钢管；埋入有腐蚀性土层内的钢管，应按设计规定进行防腐处理。使用镀锌钢管时，在锌层剥落处，也应刷防腐漆
切断钢管	可用钢锯切断（最好选用钢锯条）或管子切割机割断。钢管不应有折扁和裂缝，管内无铁屑及毛刺，切断口应锉平，管口应刮光
套丝	丝口连接时管端套丝长度不应小于管接头长度的1/2；在管接头两端应焊接跨接接地线 薄壁钢管的连接必须用螺纹连接。薄壁钢管套丝一般用网板牙扳手和圆板牙铰制 厚壁钢管，可用管子铰板和管螺纹板牙铰制。铰制完螺纹后，随即清修管口，将管口端面和内壁的毛刺锉光，使管口保持光滑，以免割破导线绝缘层
弯管	钢管明配需随建筑物结构形状进行立体布置，但要尽量减少弯头。钢管弯制常用弯管方法有以下3种： （1）弯管器弯管：在弯制管径为50mm及以下的钢管时，可用弯管器弯管。制作时，先将管子弯曲部位的前段放入弯管器内，管子焊缝放在弯曲方向的侧面，然后用脚踩住管子，手扳弯管器柄，适当加力，使管子略有弯曲，再逐点移动弯管器，使管子弯成所需的弯曲半径 （2）滑轮弯管器弯管：当钢管弯制的外观、形状要求较高时，特别是弯制大量相同曲率半径的钢管时，要使用滑轮弯管器，固定在工作台上进行弯制 （3）气焊加热弯制：厚壁管和管径较粗的钢管可用气焊加热进行弯制。但需注意掌握火候，钢管加热不足（未烧红）弯不动；加热过火（烧得太红）或加热不均匀，容易弯瘪。此外，对预埋钢管露出建筑物以外的部分不直或位置不正时，也可以用气焊加热整形 弯管的要求：钢管弯曲处不应出现凹凸和裂缝，弯扁程度不应大于管外径的10%；被弯钢管的弯曲半径应符合表4-33的规定，弯曲角度一定要大于90°；钢管弯曲时，焊缝如放在弯曲方向的内侧或外侧，管子容易出现裂缝。当有两个以上弯时，更要注意管子的焊缝位置；管壁薄、直径大的钢管弯曲时，管内要灌满砂且应灌实，否则钢管容易弯瘪。如果用加热弯曲，要灌用干燥砂。灌砂后，管的两端塞上木塞

表4-33 钢管允许弯管半径

条件	弯曲半径与钢管外径之比
明配时	6
明配只有一个弯时	4
暗配时	6
埋设在地下或混凝土楼板内时	10

（2）钢导管连接。钢管之间的连接，一般采用套管连接。套管连接宜用于暗配管，套管长度为连接管外径的1.5~3倍；连接管的对口处应在套管的中心，焊口应焊接牢固、严密。薄壁钢管的连接必须用螺纹连接。用螺纹连接时，管端

套丝长度不应小于管接头长度的1/2；在管接头两端应焊接跨接接地线。

钢管与接线盒、开关盒的连接可采用螺母连接或焊接。采用螺母连接时，先在管子上拧一个锁紧螺母（俗称根母），然后将盒上的敲落孔打掉，将管子穿入孔内，再用手旋上盒内螺母（俗称护口），最后用扳手把盒外锁紧螺母旋紧。

（3）钢导管的接地。金属的导管必须与PE线或PEN线可靠连接，以防产生电击现象，并应符合如下规定。

1）镀锌钢导管和壁厚2mm及以下的薄壁钢导管，不得熔焊跨接接地线。管与管之间采用螺纹连接时，连接处的两端应该用专用的接地卡固定。以专用的接地卡跨接的管与管及管与盒（箱）间跨接线为黄绿相间色的铜芯软导线，其截面积不小于$4mm^2$。

2）非镀锌钢导管采用螺纹连接时，连接处的两端用专用接地卡固定跨接线，也可以焊接跨接接地线，焊接跨接接地线的做法，如图4-3所示。导管与配电箱箱体采用间接焊接连接时，可以利用导管与箱体之间的跨接接地线固定管、箱。跨接接地线直径应根据钢导管的管径来选择，见表4-34。管接头两端跨接接地线焊接长度，不小于跨接接地线直径的6倍，跨接接地线在连接管焊接处距管接头两端不宜小于50mm。连接管与盒（箱）的跨接接地线，应在盒（箱）的棱边上焊接，跨接接地线在箱棱边上焊接的长度不小于跨接接地线直径的6倍，在盒上焊接不应小于跨接接地线的截面积。

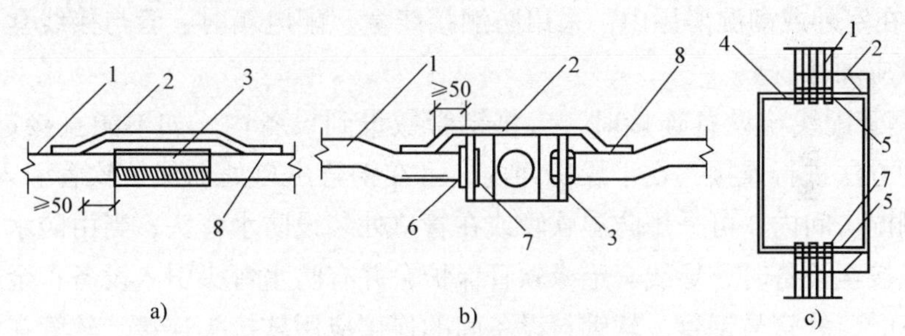

图4-3　焊接跨接接地线做法

a）管与管连接　b）管与盒连接　c）管与箱连接

1—非镀锌钢导管　2—圆钢跨接接地线　3—器具盒　4—配电箱

5—全扣管接头　6—根母　7—护口　8—电气焊处

表4-34　跨接接地线选择表

公称直径/mm		跨接接地线/mm	
电线管	厚壁钢管	圆钢	扁钢
≤32	≤25	$\phi6$	—
38	≤32	$\phi8$	—
51	40~50	$\phi10$	—
64~76	≤65~80	$\phi10$及以上	25×4

3）套接压扣式薄壁钢导管及其金属附件组成的导管管路，当管与管及管与盒（箱）连接符合规定时，连接处可不设置跨接接地线，管路外壳应有可靠接地；导管管路不应作为电气设备接地线使用。

4）套接紧定式钢导管及其金属附件组成的导管管路，当管与管及管与盒（箱）连接符合规定时，连接处可不设置跨接接地线。管路外壳应有可靠接地。套接紧定式钢导管管路，不应作为电气设备接地线。

（4）钢导管敷设。

1）钢导管明敷设。明管用吊装、支架敷设或沿墙安装时，固定点的距离应均匀，管卡与终端、转弯中点、电气器具或按线盒边缘的距离为150～500mm。中间固定点间的最大允许距离应符合表4-35的规定。

表4-35　钢管固定点间最大距离

敷设方式	钢管名称	钢管直径/mm			
		15～20	25～30	40～50	65～100
		最大允许距离/m			
吊架、支架或沿墙敷设	厚壁钢管	1.5	2.0	2.5	3.5
	薄壁钢管	1.0	1.5	2.0	—

① 钢管进入灯头盒、开关盒、接线盒及配电箱时，露出锁紧螺母的纹为2～4扣。当在室外或潮湿房屋内，采用防潮接线盒、配电箱时，管与接线盒、配电箱的连接应加橡皮垫。

② 钢管配线与设备连接时，应将钢管敷设到设备内，如不能直接进入时，可按下列方法进行连接：在干燥房间内，可在钢管出口处加保护软管引入设备；在室外潮湿房间内，可采用防湿软管或在管口处装设防水弯头；当由防水弯头引出的导线接至设备时，导线套绝缘软管保护，并有防水弯头引入设备；金属软管引入设备时，软管与钢管、软管与设备间的连接应用软接头连接。软管在设备上应用管卡固定，其固定点间距应不大于1m金属软管不能作为接地导体；钢管露出地面的管口距地面高度应不小于200mm。

③ 钢导管明敷设在建筑物变形缝处，应设补偿装置。

2）钢导管暗敷设。

① 暗管敷设步骤：确定设备（灯头盒、接线盒和配管引上引下）的位置；测量敷设线路长度；配管加工（弯曲、锯割、套螺纹）；将管与盒按已确定的安装位置连接起来；管口塞上木塞或废纸，盒内填满废纸或木屑，防止进入水泥砂浆或杂物；检查是否有管、盒遗漏或设位错误；管、盒连成整体固定于模板上（最好在未绑扎钢筋前进行）；管与管和管与箱、盒连接处，焊上跨接接地线，

使金属外壳连成一体。

② 暗管在现浇混凝土楼板内的敷设：在浇灌混凝土前，先将管子用垫块（石块）垫高 15mm 以上，使管子与混凝土模板间保持足够距离，再将管子用钢丝绑扎在钢筋上，或用钉子卡在模板上。灯头盒可用铁钉固定或用钢丝缠绕在铁钉上。接线盒可用钢丝或螺钉固定，待混凝土凝固后，必须将钢丝或螺钉切断除掉，以免影响接线。钢管敷设在楼板内时，管外径与楼板厚度应配合：当楼板厚度为 80mm 时，管外径不应超过 40mm；厚度为 120mm 时，管外径不应超过 50mm。若管径超过上述尺寸，则钢管改为明敷或将管子埋在楼板的垫层内，此时，灯头盒位置需在浇灌混凝土前预埋木砖，待混凝土凝固后再取出木砖进行配管。

③ 暗管通过建筑物伸缩缝的补偿装置：一般在伸缩缝（沉降缝）处设接线箱，钢管必须断开。

④ 埋地钢管技术要求：管径应不小于 20mm，埋入地下的电线管路不宜穿过设备基础；在穿过建筑物基础时，应再加保护管保护。必须穿过大片设备基础时，管径不小于 25mm。

（5）放线与穿线方法见表 4-36。

表 4-36　放线与穿线方法

项　目	内　容
放线	对整盘绝缘导线，必须从内圈抽出线头进行放线。引线钢丝穿通后，引线一端应与所穿的导线结牢。如所穿导线根数较多且较粗时，可将导线分段结扎。外面再稀疏地包上包布，分段数可根据具体情况确定
穿线	穿线前，钢管口应先装上管螺母，以免穿线时损伤导线绝缘层。穿线时，需两人各在管口一端，一人慢慢抽拉引线钢丝，另一人将导线慢慢送入管内。如钢管较长，弯曲较多，穿线困难时，可用滑石粉润滑。但不可使用油脂或石墨粉等作润滑物，因前者会损坏导线的绝缘层（特别是橡皮绝缘），后者是导电粉末，易于黏附在导线表面，一旦导线绝缘略有微小缝隙，便会渗入线芯，造成短路事故
剪断导线	导线穿好后，剪除多余的导线，但要留出适当余量，便于以后接线. 预留长度为接线盒内以绕盒内一周为宜；开关板内以绕板内半周为宜剪断导线 由于钢管内所穿导线的作用不同，为了在接线时能方便地分辨各种作用，可在导线的端头绝缘层上做记号。如管内穿有 4 根同规格同颜色导线，可把 3 根导线用电工刀分别削一道、两道、三道刀痕标出，另一根不标，以免接线错误
导线的支持	在垂直钢管中，为减少管内导线本身重量所产生的下垂力，保证导线不因自重而折断，导线应在接线盒内固定。接线盒距离，按导线截面不同来规定，见表 4-37

3. 绝缘导管敷设

（1）导管的选择。在施工中一般都采用热塑性塑料（受热时软化，冷却时变硬，可重复受热塑制的称为热塑性塑料，如聚乙烯、聚氯乙烯等）制成的硬塑料管。硬塑料管有一定的机械强度。明敷设塑料管壁厚度不应小于2mm，暗敷设的不应小于3mm。

表 4-37　钢管垂直敷设接线盒间距

导线截面/mm^2	接线盒间距/m
50 及以下	30
70 ~ 95	20
120 ~ 240	18

（2）导管的连接。导管的连接方法有 3 种：加热直接插接法、模具胀管插接法、套管连接法。

1）加热直接插接法。该法适用于 ϕ50mm 及以下的硬塑料管。其操作步骤如下：

① 将管口倒角，外管倒内角，内管倒外角，如图 4-4 所示。

② 将内管、外管插接段的尘埃等污垢擦净，如有油污时可用二氯乙烯、苯等溶剂擦净。

③ 插接长度应为管径的 1. 1 ~ 1. 8 倍，用喷灯、电炉、炭化炉加热，也可浸入温度为 130℃左右的热甘油或石蜡中加热至软化状态。

④ 将内管插入段涂上胶合剂（如聚乙烯胶合剂）后，迅速插入外管，待内外管线一致时，立即用湿布冷却。

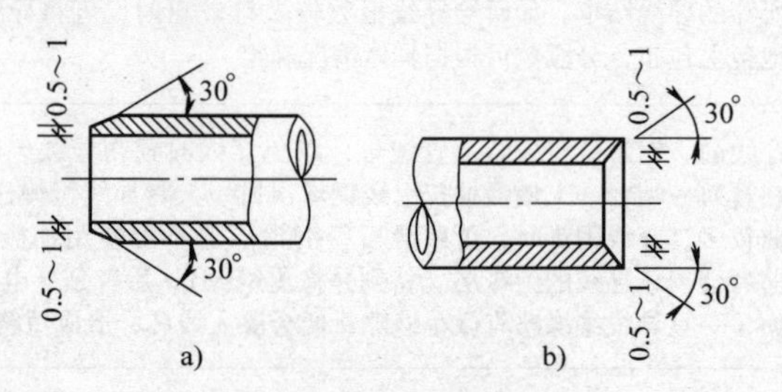

图 4-4　管口倒角（塑料管）

a）内管　b）外管

2）模具胀管插接法。该法适用于 ϕ65mm 及以上的硬塑料管。操作步骤如下：

① 将管口倒角。

② 清除插接段的污垢。

③ 加热外管插接段。

（上述操作方法与直接插接法相同）

④ 待塑料管软化后，将已被加热的金属模具插入，待冷却（可用水冷）至50℃脱模，模具外径需比硬管外径大2.5%左右。当无金属模具时，可用木模代替。

⑤ 在内、外插接面涂上胶合剂后，将内管插入外管，插入深度为管内径的1.1~1.8倍，加热插接段，使其软化后急速冷却（可浇水），收缩变硬即连接牢固。此道工序也可改用焊接连接，即将内管插入外管后，用聚氯乙烯焊条在接合处焊2~3圈。

3）套管连接法。

① 从需套接的塑料管上截取长度为管内径的1.5~3倍（管径为50mm及以下者取上限值，50mm以上者取下限值）。

② 将需套接的两根塑料管端头倒角，并涂上胶合剂。

③ 加热套管温度取130℃左右。

④ 将被连接的两根塑料管插入套管，并使连接管的对口处于套管中心。

（3）导管的摵弯。

① 直接加热摵弯：管径20mm及以下可直接加热摵弯。加热时均匀转动管身，到适当温度，立即将管放在平木板上摵弯。

② 填砂摵弯：管径在25mm及以上，应在管内填砂摵弯。先将一端管口堵好，然后将干砂子灌入管内敦实，将另一端管口堵好后，用热砂子加热到适当温度，即可放在模型上弯制成型。

③ 摵弯技术要求：明管敷设弯曲半径不应小于管径的6倍；埋设在混凝土内时应不小于管径的10倍。塑料管加热不得将管烤伤、烤变色以及有显著的凹凸变形等现象。凹偏度不得大于管径的1/10。

（4）塑料管的敷设。

1）明配硬塑料管应排列整齐，固定点的距离应均匀；管卡与终端、转弯中点、电气器具或接线盒边缘的距离为150~500mm；中间的管卡最大间距应符合表4-38的规定。

表4-38　硬塑料管中间管卡最大间距

敷设方法 \ 最大允许距离/m	内径/mm		
	20以下	25~40	50以上
吊架、支架或沿墙敷设	1.0	1.5	2.0

2）明管在穿过楼板易受机械损伤的地方应用钢管保护，其保护高度距楼板面不应低于500mm。

3）硬塑料管与蒸汽管平行敷设时，管间净距不应小于500mm。

4）硬塑料管的热膨胀系数[0.08mm/(m·℃)]要比钢管大5~7倍。如30m长的塑料管，温度升高40℃，则长度增加96mm。因此，塑料管沿建筑物表面敷设时，直线部分每隔30m要装设补偿装置（在支架上架空敷设除外）。

5）塑料管配线必须采用塑料制品的配件，禁止使用金属盒。塑料线入盒时，可不装锁紧螺母和管螺母，但暗配时须用水泥注牢。在轻质壁板上采用塑料管配线时，管入盒处应采用胀扎管头绑扎。

6）硬塑料管埋地敷设（在受力较大处，宜采用重型管）引向设备时，露出地面200mm段，应用钢管或高强度塑料管保护。保护管埋地深度不少于50mm。

（5）保护接零线。

用塑料管布线时，如用电设备需接零装置时，在管内必须穿入接零保护线。利用带接地线型塑料电线管时，管壁内的1.5mm^2铜接地导线要可靠接通。

4. 可挠金属电线保护管敷设

可挠金属电线保护管敷设方法见表4-39。

表4-39　可挠金属电线保护管敷设方法

方　法	内　容
管子的切断	可挠金属电线保护管不需预先切断，在管子敷设过程中，需要切断时，应根据每段敷设长度，使用可挠金属电线保护管切割刀进行切断。切管时用手握住管子或放在工作台上用手压住，将可挠金属电线保护管切割刀刀刃轴向垂直对准可挠金属电线保护管螺纹沟，尽量成直角切断。如放在工作台上切割时要用力，边压边切 可挠金属电线保护管也可用钢锯进行切割 可挠金属电线保护管切断后，应清除管口处毛刺，使切断面光滑。在切断面内侧用刀柄绞动一下
管子弯曲	可挠金属电线保护管在管子敷设时，可根据弯曲方向的要求，不需任何工具用手自由弯曲，弯曲角度不宜小于90°。明配管管子的弯曲半径不应小于管外径的3倍。在不能拆卸、不能检查的场所使用时，管的弯曲半径不应小于管外径的6倍 可挠金属电线保护管在敷设时应尽量避免弯曲。明配管直线段长度超过30m时，暗配管直线长度超过15m或直角弯超过3个时，均应装设中间拉线盒或放大管径。若管路敷设中出现有4处弯曲时，且弯曲角度总和不超过270°时，可按3个弯曲处计算
可挠金属电线保护管的连接	（1）管的互接：可挠金属电线保护管敷设，中间需要连接时，应使用带有螺纹的KS型直接头连接器（直接头）进行互接 （2）可挠金属电线保护管与钢导管连接：可挠金属电线保护管在吊顶内敷设中，有时需要与钢导管直接连接，可挠金属电线保护管的长度在电力工程中不大于0.8m，在照明工程中不大于1.2m。管的连接可使用连接器进行无螺纹和有螺纹连接。可挠金属电线保护管与钢导管（管口无螺纹）进行连接时，应使用VKC型无螺纹连接器进行连接。VKC型无螺纹连接器共有两种型号：VKC－J型和VKC－C型，分别用于可挠金属电线保护管、厚壁钢导管和薄壁钢导管（电线管）的连接

（续）

方　法	内　容
可挠金属电线保护管的接地和保护	（1）可挠金属电线保护管必须与PE线或PEN线有可靠的电气连接，可挠金属电线保护管不能做PE线或PEN线的接续导体 （2）可挠金属电线保护管，不得熔焊跨接接地线，以专用接地卡跨接的两卡间连线为铜芯软导线，截面积不小于$4mm^2$ （3）当可挠金属电线保护管及其附件穿越金属网或金属板敷设时，应采用经阻燃处理的绝缘材料将其包扎，且应超出金属网（板）10mm以上 （4）可挠金属电线保护管，不宜穿过设备或建筑物、构筑物的基础，当必须穿过时，应采取保护措施

5. 电线、电缆穿管

电线、电缆穿管方法及步骤见表4-40。

表4-40　电线、电缆穿管方法及步骤

步　骤	内　容
画线定位	用粉线袋按照导线敷设方向弹出水平或垂直线路基准线，同时标出所有线路装置和用电设备的安装位置，均匀地画出导线的支持点。导线沿门头线和线脚敷设时，可不必弹线，但线卡必须紧靠门头线和线脚边缘线上。支持点间的距离应根据导线截面大小而定，一般为150～200mm。在接近电气设备或接近墙角处间距有偏差时，应逐步调整均匀，以保持美观
固定线卡	在安装好的木砖上，将线卡用铁钉钉在弹线上，勿使钉帽凸出，以免划伤导线的外护套。在木结构上，可直接用钉子钉牢 在混凝土梁或预制板上敷设时，可用胶粘剂粘贴在建筑物表面上。黏结时，一定要用钢丝刷将建筑物上黏结面上的粉刷层刷净，使线卡底座与水泥直接黏结
放线	放线是保证护套线敷设质量的重要一步。整盘护套线，不能搞乱，不可使线产生扭曲。所以放线时，需要操作者合作，一人把整盘线套入双手中，另一人握住线头向前拉。放出的线不可在地上拖拉，以免擦破或弄脏电线的护套层。线放完后先放在地上，量好长度，并留出一定余量后剪断。如果将电线弄乱或扭弯，要设法校直 放线方法：把线平放在地上（地面要平），一人踩住导线一端，另一人握住导线的另一端拉紧，用力在地上甩直；将导线两端拉紧，用木柄沿导线全长来回刮（赶）直；将导线两端拉紧，再用破布包住导线，用手沿电线全长捋直
直敷导线	为使线路整齐美观，必须将导线敷设得横平竖直。几条护套线成排平行敷设时，应上下左右排列紧密，不能有明显空隙。敷线时，应将线收紧。短距离的直线部分先把导线一端夹紧，然后再夹紧另一端，最后把中间各点逐一固定。长距离的直线部分可在其两端的建筑构件的表面上临时各装一幅瓷夹板，把收紧的导线先夹入瓷夹中，然后逐一夹上线卡。在转角部分，戴上手套用手指顺弯按压，使导线挺直平顺后夹上线卡。中间接头和分支连接处应装置接线盒，接线盒固定应牢固。在多尘和潮湿的场所时应使用密闭式接线盒
弯敷导线	塑料护套线在同一墙面上转弯时，必须保持垂直。导线弯曲半径应不小于护套线宽度的3倍。弯曲时不应损伤护套和芯线外的绝缘层。铅皮护套线弯曲半径不得小于其外径的10倍

【高手必懂知识】避雷及接地装置安装

园林项目中的许多景点、建筑物等的防雷接地系统，对其安全性、稳定性以及设备和人员的安全都具有重要的保证作用，必须采取有效措施进行防护。

1. 避雷设置安装

（1）避雷针设置安装。避雷针安装必须位置正确，固定牢靠，防腐良好，针体垂直，避雷针及支持件的制作质量符合设计要求。

避雷针在平屋顶上安装：通常制作一块300～500mm见方、6mm厚的钢板底座，用4只M25×250螺栓固定在屋顶混凝土梁板内，也可以预埋底座，避雷针与底座之间采用6mm厚钢筋板焊接固定。若高度大于6m时，根据风力情况可设置拉线，具体固定位置、角度应通过设计计算确定。

避雷针在山墙上安装：根据避雷针的长短在山墙上预埋上下间距为600～1000mm的两根∟50×50×5的角钢，避雷针用U形卡固定在角钢支架上，下端而落在下支架侧面上。

避雷针在女儿墙上安装：可直接用预埋的底脚螺栓加抱箍固定在墙侧面，如女儿墙部分用混凝土现浇的，可以在土建施工中直接插在其中。

（2）避雷网（带）安装。避雷网可以明敷，也可以暗配。暗配时，应和柱内主筋及避雷带的引上接地线焊在一起。

屋顶上安装的避雷网（带）一般采用(20×4)～(25×4)镀锌扁钢，或ϕ8mm～ϕ10mm镀锌圆钢明设。它在屋面上的固定方式有2种：一是预制混凝土块支座，正四棱台形，底面150～200mm见方，顶面100～150mm见方，高度为100～150mm，预埋1根ϕ8mm镀锌圆钢，埋入50mm，伸出100mm，支座间距为2m；二是在屋顶女儿墙或山墙上预埋支架，支架材料及埋深露高同前述。支架间距为1～1.5m。

2. 接地装置安装

接地装置是防雷系统安全地将雷电流泄放在大地中的必要途径，是能否有效防雷的关键。同时各种电气装置带电后对其可能产生极大的危害，也需要通过接地装置导出。

接地装置的安装应符合如下规定。

（1）接地装置的埋设深度，其顶部不应小于0.6m，角钢及钢管接地极应垂直配置；垂直接地极长度不应小于2.5m，其相互之间的间距应符合设计规定，如设计无要求，一般不小于5m。

（2）接地装置埋设位置与建筑物之间的距离不宜小于1.5m，遇在垃圾、灰渣

等处埋设接地装置时，应换土并分层夯实。当接地装置必须埋设在距建筑物出入口或人行道小于3m时，应采用均压带做法或在接地装置上面0.2m处敷设50~90mm厚的沥青层，其宽度应超过接地装置2m。通过人行通道的接地装置的埋深大于3m时，可不设沥青层。

（3）接地干线的连接应采用焊接，焊接处焊缝应饱满并有足够的机械强度，不得有夹渣、咬肉、裂纹、虚焊、气孔等缺陷，焊接处的皮敲净后，刷沥青做防腐处理。

（4）接地干线与地面间的距离应不小于200mm，距墙面应不小于10mm，支持件应采用40mm×40mm的扁钢，尾端应制成燕尾状，人孔宽度与深度各为50mm，总长度为70mm，支持件间的水平直线距离一般为1m，垂直部分为1.5m，转弯部分为0.5m。

（5）明敷设接地干线，敷设应平直，水平度与垂直度允许偏差2‰，但全长不超过10mm。明敷设接地干线穿墙时，应加套管保护，跨越伸缩缝时，应做撼弯补偿。

（6）接地干线跨越门口时，应暗敷设在地面内（做地面以前埋设好）；转弯处接地干线的弯曲半径不得小于扁钢厚度的2倍。

（7）全部人工接地装置接地干线支持件等金属钢材一律镀锌，铜材应做刷锡处理。

第五节　园灯安装

【高手必懂知识】园灯的功能和布置要求

1. 园灯的功能

一方面园灯可以保证园路夜间交通安全，另一方面园灯也可结合造景，尤其对于夜景，园灯是重要的造景要素。

2. 园灯的布置要求

（1）在公园入口、开阔的广场，应选择发光效果较高的直射光源，灯杆的高度应根据广场的大小而定，一般为5~10m。灯的间距为35~40m。

（2）在园路两旁的灯光要求照度均匀。由于树木的遮挡，灯不宜悬挂过高，一般为4~6m。灯杆的间距为30~60m，如为单杆顶灯，则悬挂高度为2.5~

3m，灯距为20～25m。

（3）在道路交叉口或空间的转折处应设指示园灯。

（4）在某些环境，如踏步、草坪、小溪边，可设置地灯，特殊处还可采用壁灯。在雕塑等处，可使用探照灯光、聚光灯、霓虹灯等。

（5）景区、景点的主要出入口、广场、林荫道、水面等处，可结合花坛、雕塑、水池、步行道等设置庭院灯，庭院灯多为1.5～4.5m的灯柱，灯柱多采用钢筋混凝土或钢制成，基座常用砖或混凝土、铸铁等制成，灯型多样。适宜的形式不仅起照明作用，而且起着美化装饰作用，并且还有指示作用，便于夜间识别。

【高手必懂知识】园灯安装的步骤

1. 灯架、灯具安装

（1）按设计要求测出灯具（灯架）安装高度，在电杆上面画出标记。

（2）将灯架、灯具吊上电杆（较重的灯架、灯具可使用滑轮、大绳吊上电杆），穿好抱箍或螺栓，按设计要求找好照射角度，调好平整度后，将灯架紧固好。

（3）成排安装的灯具，其仰角应保持一致，排列整齐。

2. 配接引下线

（1）将针式绝缘子固定在灯架上，将导线的一端在绝缘子上绑好回头，并分别与灯头线、熔断器进行连接。将接头用橡胶布和黑胶布半幅重叠各包扎一层。将导线的另一端拉紧，并与路灯干线背扣后进行缠绕连接。

（2）每套灯具的相线应装有熔断器，且相线应接螺口灯头的中心端子。

（3）引下线与路灯干线连接点距杆中心应为400～600mm，且两侧对称一致。引下线凌空段不应有接头，长度不应超过4m，超过时应加装固定点或使用钢管引线。

（4）导线进出灯架处应套软塑料管，并做防水弯。

3. 试灯

全部安装工作完毕后，送电、试灯，并进一步调整灯具的照射角度。

【高手必懂知识】各类灯具安装

1. 霓虹灯安装

（1）霓虹灯管安装。

霓虹灯管由玻璃管弯制作成。灯管两端各装一个电极，玻璃管内抽成真空后，再充入氖、氦等惰性气体作为发光的介质，在电极的两端加上高压，电极发射电子激发管内惰性气体，使电流导通灯管发出红、绿、蓝、黄、白等不同颜色的光束。由于霓虹灯管本身容易破碎，管端部还有高电压，因此应安装在人不易触及的地方，并不应和建筑物直接接触。霓虹灯管的安装应符合下列要求。

1）固定后的灯管与建筑物、构筑物表面的最小距离不宜小于20mm。

2）安装霓虹灯灯管时，一般用角铁做成框架，框架既要美观又要牢固，在室外安装时还要经得起风吹雨淋。

3）安装时，应在固定霓虹灯管的基面上（如立体文字、图案、广告牌和牌匾的面板等），确定霓虹灯每个单元（如一个文字）的位置。灯体组装时要根据字体和图案的每个组成件（每段霓虹灯管）所在位置安设灯管支持件（也称灯架），灯管支持件要采用绝缘材料制品（如玻璃、陶瓷、塑料等），其高度不应低于4mm，支持件的灯管卡接口要和灯管的外径相匹配。支持件宜用一个螺钉固定，以便调节卡接口与灯管的衔接位置。灯管和支持件要用绑线绑扎牢靠，每段霓虹灯管其固定点不得少于2处，在灯管的较大弯曲处（不含端头的工艺弯折）应加设支持件。霓虹灯管在支持件上装设不应承受应力。

4）霓虹灯管要远离可燃性物质，其距离至少应在30cm以上；和其他管线应有150cm以上的间距，并应设绝缘物隔离。

5）霓虹灯管出线端与导线连接应紧密可靠以防打火或断路。

6）安装灯管时应用各种玻璃或瓷制、塑料制的绝缘支持件固定。有的支持件可以将灯管直接卡入，有的则可用ϕ0.5mm的裸细铜线扎紧，如图4-5所示。安装灯管时不可用力过猛，用螺钉将灯管支持件固定在木板或塑料板上。

7）室内或橱窗里的霓虹灯管安装时，在框架上拉紧已套上透明玻璃管的镀锌钢丝，组成200～300mm间距的网格，将霓虹灯管用ϕ0.5mm的裸铜丝或弦线等与玻璃管绞紧即可，如图4-6所示。

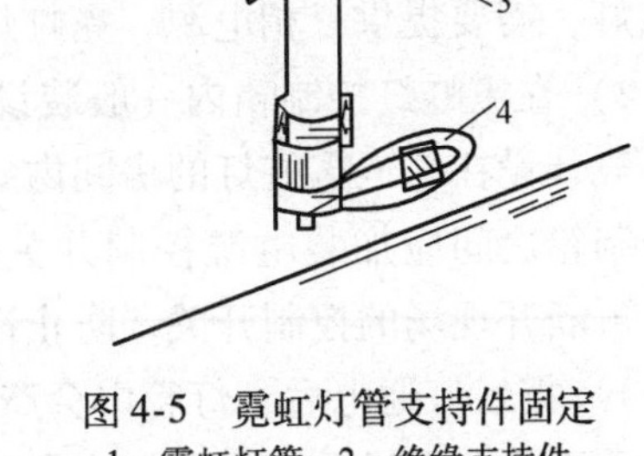

图4-5 霓虹灯管支持件固定
1—霓虹灯管 2—绝缘支持件
3—ϕ0.5mm裸铜丝扎紧 4—螺钉固定

（2）变压器的安装。

1）变压器应安装在角钢支架上，其支架宜设在牌匾、广告牌的后面或旁侧的墙面上，支架如埋入固定，埋入深度不得少于120mm；如用胀管螺栓固定，螺栓规格不得小于M10。角钢规格宜在∟30mm×35mm×4mm以上。

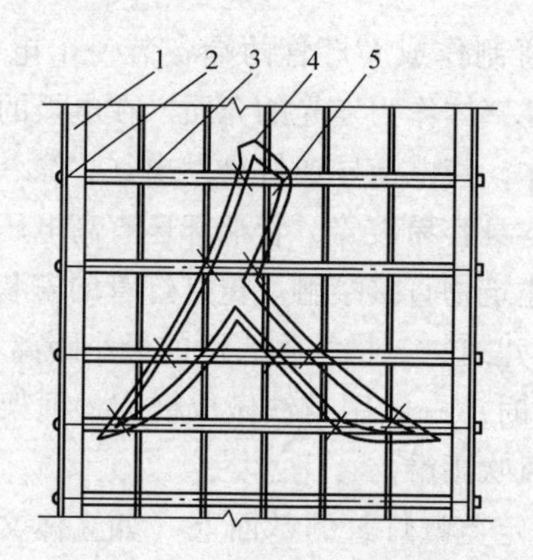

图4-6　霓虹灯管绑扎固定
1—型钢框架　2—ϕ1.0mm 镀锌钢丝　3—玻璃套管　4—霓虹灯管　5—ϕ0.5mm 铜丝扎紧

2）变压器要用螺栓紧固在支架上，或用扁钢抱箍固定。变压器外皮及支架要做接零（地）保护。

3）变压器在室外明装，其高度应在3m以上，距离建筑物窗口或阳台也应以人不能触及为准，如上述安全距离不足或将变压器明装在屋面、女儿墙、雨篷等人易触及的地方，均应设置围栏并覆盖金属网进行隔离、防护，确保安全。

4）为防雨、雪和尘埃的侵蚀，可将变压器装在不燃或难燃材料制作的箱内加以保护，金属箱要做保护接零（地）处理。

5）霓虹灯变压器应紧靠灯管安装，一般隐蔽在霓虹灯板之后，可以减短高压接线，但要注意切不可安装在易燃品周围。安装在室外的变压器，离地高度不宜低于3m，离阳台、架空线路等距离不应小于1m。

（3）低压电路安装。

1）对于容量不超过4kW的霓虹灯，可采用单相供电，对超过4kW的大型霓虹灯，需要提供三相电源，霓虹灯变压器要均匀分配在各相上。

2）在霓虹灯控制箱内一般装设有电源开关、定时开关和控制接触器。控制箱一般装设在邻近霓虹灯的房间内。为防止在检修霓虹灯时触及高压，在霓虹灯与控制箱之间应加装电源控制开关和熔断器，在检修灯管时，先断开控制箱开关，再断开现场的控制开关，防止造成误合闸而使霓虹灯管带电的危险。

3）霓虹灯通电后，灯管内会产生高频噪声电波，它将辐射到霓虹灯的周围，会严重干扰电视机和收音机的正常使用。为了避免这种情况发生，只要在低压回路上接装一个电容器就可以了。

（4）高压线的连接。

霓虹灯专用变压器的二次导线和灯管间的连接线，应采用额定电压不低于15kV的高压尼龙绝缘线。霓虹灯专用变压器的二次导线与建筑物、构筑物表面

之间的距离均不应大于20mm。

高压导线支持点间的距离，在水平敷设时为0.5m；垂直敷设时，支持点间的距离为0.75m。高压导线在穿越建筑物时，应穿双层玻璃管加强绝缘，玻璃管两端须露出建筑物两侧，长度为50～80mm。

2. 彩灯安装

（1）安装彩灯时，应使用钢管敷设，严禁使用非金属管作敷设支架。

（2）管路安装时，首先按尺寸将镀锌钢管（厚壁）切割成段，端头套丝，缠上油麻，将电线管拧紧在彩灯灯具底座的丝孔上，勿使漏水，这样将彩灯一段一段连接起来。然后按画出的安装位置线就位，用镀锌金属管卡将其固定在距灯位边缘100mm处，每管设一卡就可以了。固定用的螺栓可采用塑料胀管或镀锌金属胀管螺栓。不得打入木楔用木螺钉固定，否则容易松动脱落。管路之间（即灯具两旁）应用不小于ϕ6mm的镀锌圆钢进行跨接连接。

（3）彩灯装置的配管本身也可以不进行固定，而固定彩灯灯具底座。在彩灯灯座的底部原有网孔部位的两侧，顺线路的方向开一长孔，以便安装时进行固定位置的调整和管路热胀冷缩时有自然调整的余地，如图4-7所示。

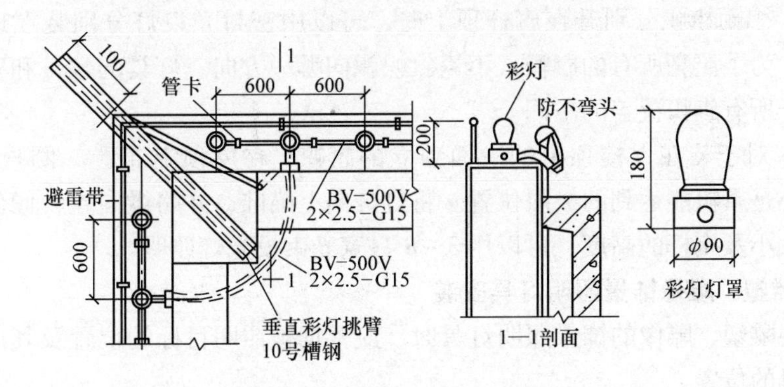

图4-7　固定式彩灯装置做法

（4）土建施工完成后，在彩灯安装部位，顺线路的敷设方向拉通线定位。根据灯具位置及间距要求，沿线打孔埋入塑料胀管。把组装好的灯底座及连接钢管一起放到安装位置（也可边固定边组装），用膨胀螺钉将灯座固定。

（5）彩灯穿管导线应使用橡胶铜导线敷设。

（6）彩灯装置的钢管应与避雷带（网）进行连接，并应在建筑物上部将彩灯线路线芯与接地管路之间接以避雷器或放电间隙，借以控制放电部位，减少线路损失。

（7）较高的主体建筑，垂直彩灯的安装一般采用悬挂方法较方便。对于不高的楼房、塔楼、水箱间等垂直墙面也可采用镀锌管沿墙垂直敷设的方法。

（8）彩灯悬挂敷设时要制作悬具，主要材料是钢丝绳、拉紧螺栓及其附件，导线和彩灯设在悬具上。彩灯是防水灯头和彩色白炽灯泡。

（9）悬挂式彩灯多用于建筑物的四角无法装设固定式的部位。采用防水吊线灯头连同线路一起悬挂在钢丝绳上，悬挂式彩灯导线应采用绝缘强度不低于500V的橡胶铜导线，截面不应小于4mm²。灯头线与干线的连接应牢固，绝缘包扎紧密。导线所载灯具重量的拉力不应超过该导线的允许机械强度，灯的间距一般为700mm，距地面3m以下的位置上不允许装设灯头。

3. 旗帜的照明灯具安装

由于旗帜会随风飘动，应该始终采用直接向上的照明，以避免眩光。旗帜照明灯具安装应符合如下要求：

（1）当旗帜插在一个斜的旗杆上时，在旗杆两边低于旗帜最低点的平面上分别安装两只投光灯具，这个最低点是在无风情况下确定下来的。

（2）当只有一面旗帜装在旗杆上时，也可以在旗杆上装一圈PAR密封型光束灯具。为了减少眩光，这种灯组成的网环离地至少2.5m高，并为了避免烧坏旗帜布料，在无风时，圆环离垂挂的旗帜下面至少有40cm。

（3）多面旗帜分别升在旗杆顶上时，可以用密封光束灯分别装在地面上进行照明。为了照亮所有的旗帜，不论旗帜飘向哪一方向，灯具的数量和安装位置都取决于所有旗帜覆盖的空间。

（4）对于装在大楼顶上的一面独立的旗帜，在屋顶上布置一圈投光灯具，圈的大小是旗帜能达到的极限位置。将灯具向上瞄准，并略微向旗帜倾斜。根据旗帜的大小及旗杆的高度，可以用3~8只宽光束投光灯照明。

4. 雕塑、雕像饰景照明灯具安装

安装雕塑、雕像的饰景照明灯具时，应根据被照明目标的位置及其周围环境确定灯具的位置。

处于地面上的照明目标，孤立地位于草地或空地中央。此时灯具的安装，尽可能与地面平齐，以保持周围的外观不受影响和减少眩光的危险。也可装在植物或围墙后的地面上。

坐落在基座上的照明目标，孤立地位于草地或空地中央。为了控制基座的亮度，灯具必须放在更远一些的地方。基座的边不能在被照明目标的底部产生阴影，这也是非常重要的。

坐落在基座上的照明目标，位于行人可接近的地方。通常不能围着基座安装灯具，因为从透视上说距离太近。只能将灯具固定在公共照明杆上或装在附近建筑的立面上，但必须注意避免眩光。

5. 喷水池和瀑布的照明

（1）对喷射的照明。在水流喷射的情况下，将投光灯具装在水池内的喷口后面或装在水流重新落到水池内的落下点下面，或者在这两个地方都装上投光灯具。水离开喷口处的水流密度最大，当水流通过空气时会产生扩散。由于水和空气有不同的折射率，使投光灯的光在进出水柱时产生二次折射。在“下落点”，水已变成细雨一般。投光灯具装在离下落点大约10cm的水下，使下落的水珠产生闪闪发光的效果。

（2）瀑布的照明。对于水流和瀑布，灯具应装在水流下落处的底部。输出光通应取决于瀑布的落差和与流量成正比的下落水层的厚度，还取决于流出口的形状所造成水流的散开程度。

对于流速比较缓慢，落差比较小的阶梯式水流，每一阶梯底部必须装有照明。线状光源（荧光灯、线状的卤素白炽灯等）最适合于这类情形。

因为下落水的重量与冲击力可能会冲坏投光灯具的调节角度和排列，所以必须牢固地将灯具固定在水槽的墙壁上或加重灯具。

具有变色程序的动感照明，可以产生一种固定的水流效果，也可以产生变化的水流效果。

采用不同流水效果的灯具安装方法，如图4-8所示。

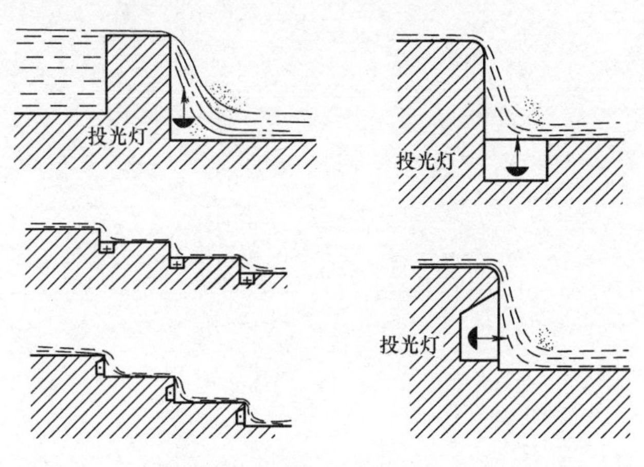

图4-8　瀑布与流水的投光照明

参考文献

[1] 陈祺，陈佳. 园林工程建设现场施工技术 [M]. 北京：化学工业出版社，2011.
[2] 郝瑞霞. 园林工程规划与设计便携手册 [M]. 北京：中国电力出版社，2008.
[3] 郭丽峰. 园林工程施工便携手册 [M]. 北京：中国电力出版社，2006.
[4] 郭爱云. 园林工程施工技术 [M]. 武汉：华中科技大学出版社，2012.
[5] 孟兆祯，毛培琳，黄庆喜，等. 园林工程 [M]. 北京：中国林业出版社，2010.
[6] 蒋林君. 园林绿化工程施工员培训教材 [M]. 北京：中国建材工业出版社，2011.
[7] 刘磊. 园林设计初步 [M]. 重庆：重庆大学出版社，2014.
[8] 田建林，张柏. 园林景观地形铺装·路桥设计施工手册 [M]. 北京：中国林业出版社，2012.